普通高等教育艺术设计类专业"十四五"系列教材

人体工程学

许妍　李硕　主　编

王涵　李泽　刘芳　副主编

U0231045

全国百佳图书出版单位

化学工业出版社

·北　京·

内 容 简 介

本书主要分为4章，从基础理论入手，详细介绍了人体工程学的相关知识以及人体工程学设计的实践方法，通过大量的具体设计案例分析，全面阐述了人体工程学在各种产品设计和不同空间设计中的应用，为环境艺术设计专业本科教学提供了理论知识。本书立足我国目前高等教育艺术专业的现状，扩展学生的设计思路。通过学习本书，学生能认识到人体工程学作为各类设计基础平台的重要性，并能应用到实践中去，从而提高自身的设计技能。

本书适用于高等学校环境设计、建筑装饰设计等设计专业，也可作为相关专业人士学习参考书。

图书在版编目（CIP）数据

人体工程学/许妍，李硕主编. —北京：化学工业
出版社，2021.5（2024.6重印）
ISBN 978-7-122-38679-3

Ⅰ.①人…　Ⅱ.①许…②李…　Ⅲ.①工效学
Ⅳ.①TB18

中国版本图书馆CIP数据核字（2021）第042764号

责任编辑：马　波　徐一丹　　　　　　　装帧设计：溢思视觉设计
　　　　　　　　　　　　　　　　　　　　　　　　　　E-mail: isstudio@126.com
责任校对：王鹏飞

出版发行：化学工业出版社（北京市东城区青年湖南街13号　邮政编码100011）
印　　　装：北京瑞禾彩色印刷有限公司
787mm×1092mm　1/16　印张11¹/₂　字数279千字　2024年6月北京第1版第4次印刷

购书咨询：010-64518888　　　　　　　　售后服务：010-64518899
网　　　址：http://www.cip.com.cn
凡购买本书，如有缺损质量问题，本社销售中心负责调换。

定　　价：56.00元　　　　　　　　　　　　　　　　版权所有　违者必究

前言

　　人体工程学是从 20 世纪中叶开始发展起来的一门新兴学科，它涉及现代艺术设计的各个领域，是人们日常生活中最实用的科学之一。目前，人体工程学已成为高等院校环境艺术设计专业和建筑设计专业学生学习的基础课程。本书注重知识的系统性和完整性，通过对人、机、环境三者之间关系和各种因素的研究分析，全面系统地阐述了人体工程学的基础知识和应用，详细讲述了在空间设计中需要掌握的人体工程学基本知识，突出内容的实用性和实效性；通过具体案例分析，使学生能够在学习本书内容时获得系统深入的专业知识和基本技能。

　　本书充分考虑到艺术设计类专业学生的知识结构及相关专业水平，力求简明扼要、浅显易懂；注重基本概念的理解及实际操作的要求，结合案例分析，将最好的创意思维、标准和规范纳入教学内容。

　　本书由黑龙江东方学院许妍、沈阳工学院李硕担任主编，黑龙江东方学院王涵、辽宁传媒学院李泽、黑龙江工程学院昆仑旅游学院刘芳担任副主编，参加编写的还有黑龙江东方学院邰娜、武让。全书共分四章，具体编写分工如下：王涵编写第 1 章，李硕编写第 2 章，李泽编写第 3 章，许妍编写第 4 章，全书由许妍进行统稿。其中，第 1 章、第 4 章图片及规范要求的审核由刘芳负责，第 2 章、第 3 章图片及规范要求的审核由邰娜、武让负责。

由于时间匆忙，专业水平有限，本书内容可能存在不足之处，敬请读者批评指正。

编者
2020 年 8 月

目录

人体工程学基础

1.1 人体工程学概述

1.1.1 人体工程学的定义

　　人体工程学主要运用人体测量学、人体力学、劳动生理学等学科的研究方法，对人体结构特征和机能特征进行研究，同时通过人的视觉、听觉、触觉等感觉器官的机能特性，来分析人在实施活动行为时的适应能力，从而探讨人在肢体活动过程中对工作效率的影响。

　　人体工程学又称人机功效学、人机工程学、人类因素学等，是一门让技术人性化的科学。如何让技术的发展围绕人的需求来展开，把人作为产品和环境设计的出发点，使其性能、色彩等更好地适应和满足人类的生理和心理的需要，从而使人们在工作中更安全、便捷和舒适，工作效率更高，是其最终的目的和意义。

　　人体工程学是一门涵盖面很广的边缘学科，它吸收了自然科学和社会科学的广泛知识内容，是人体科学、环境科学和工程科学相互渗透的产物。它几乎包含与人相关的一切事物，如运动、休闲、健康、安全等（图1-1-1、图1-1-2）。因此，要求人体工程学专家与其他领域的专家，如工程设计师、工业设计师、计算机专家、工程医学以及人类资源专家，通力合作，最终实现将人类特性知识用于解决人类工作

图 1-1-1　健身器械中要涉及人体工程学　　　　图 1-1-2　景观环境中要涉及人体工程学

生活中的各种具体问题。由此可见，人体工程学将人类的需求和能力放在了设计体系的核心位置，为产品系统和环境设计提供了与人类相关的科学数据。

1.1.2　人体工程学的发展

人体工程学最早被引起重视是在欧洲，形成和发展是在美国。自工业革命后，人们逐渐对生活及工作条件有了要求，安全、舒适、健康是人们普遍的追求。人体工程学的目的正是通过合理安排来减少人力、物力，从而达到人们心理和生理上的舒适和满足。

在18世纪末期的欧洲，英国和其他资本主义国家发生了产业革命，机器大工业代替了手工业，人们的工作条件与用于生产的设备发生了很大的变化。为了适应新生产模式，出现了许多新的机器设备和工具用于生产与生活，从而引发人与机器新的关系问题。为了解决新的人机关系问题，出现了对工作时间与作业的研究。美国工程师泰勒（F.W.Taylor）是从事这方面研究较早的人员（图1-1-3），从1881年开始，泰勒在钢铁厂进行了一项"金属切削试验"，由此研究出每个金属切削工人每个工作日的合适工作量。1898年，泰勒受雇于伯利恒钢铁公司，开创了"科学管理"并着手进行了著名的"铁锹作业试验"等多项研究。"铁锹作业试验"是将大小不同的铁锹交给工人使用，比较他们在每个班次8小时里的工作效率，结果表明工效有明显差距。这其实是关于体能合理利用的最早的科学试验。20世纪初，美国的吉尔布莱斯夫妇（F.Gilbreth和L.Gilbreth）延伸了泰勒的方法，发展出"时间-动作研究"，通过对比各种不同的操作方法、操作动作来提高工作效率。这是关于合理作业姿势的最早的科学研究。吉尔布莱斯夫妇的著名试验"砌砖作业试验"是用当时问世不久的可连续拍摄的摄影机,把建筑工人的砌砖作业过程拍摄下来,进行详细分解分析,精简掉所有非必要动作,并规定严格的操作程序和操作动作路线,让工人像机器一样刻板"规范"地连续作业。经过改良,泥水匠垒砖的动作从18个减少到了5个,砌墙的效率从每小时垒120块砖提高到每小时垒350块砖。他们合著的《疲劳研究》更被认为是美国"人类因素学"方面研究的先驱。

图 1-1-3　F.W.Taylor(1856—1915,科学管理之父)

　　1914年,美国哈佛大学心理学教授闵斯特伯格(H.Munsterberg),把心理学与泰勒等人的上述研究综合起来,出版了《心理学与工业效率》一书。1915年英国成立了军火工人保健委员会,研究生产工人的疲劳问题;1919年此组织更名为"工业保健研究部",展开有关工效问题的广泛研究,内容包括作业姿势、负担限度、男女工体能、工间休息、工作场所光照、环境温湿度以及工作中播放音乐的效果等。至此,提高工作效率的观念和方法开始建立在科学试验的基础上,具有了现代科学的特征,但这一时期研究的核心是最大限度地提高人的操作效率。从对待人机关系这个基本方面考察,总体来看是要求人适应于机器,即以机器为中心进行设计;研究的主要目的是选拔与培训操作人员,在基本学术理论上与现代人体工程学是南辕北辙,存在对立的。因此,应该把这段时间看成是人体工程学的孕育期。

　　第二次世界大战期间,由于战争的需要,许多国家大力发展效能高、威力大的新式武器和装备,但由于片面注重新式武器和装备的功能研究,而忽视了其中"人体因素",因而由于操作失误而导致失败的教训屡见不鲜。直至20世纪60年代,科学技术的迅猛发展,人们从失败的研究中得到了新的启发,开始在坦克、飞机的内舱设计中运用人体工程学的原理和方法,使人在舱内能进行快速有效的操作,并尽可能减少人在狭小空间的疲劳感(图1-1-4)。因此,处理好人-机-环境的关系成为设计的重要方面。

　　第二次世界大战后,各国研究人员把人体工程学的实践和研究成果,迅速有效地运用到空间技术、工业生产、建筑及室内设计中,并在1960年创立了国际人体工程学协会。因此,人体工程学的研究主题由"人适应机器"变成如何使"机器适应人",以减少人的疲劳、人为错误,提高作业效率。

　　到了20世纪70年代以后,人体工程学这一学科开始渗透到人类工作生活的各个领域,同时自动化系统、人机信息交互、人工智能等都开始与科学紧密联系起来

图 1-1-4　飞机驾驶舱内的仪表设备和操控设备

工程技术		人体科学		环境科学
工业设计 制造工程 建筑工程 企业运输 家居生活 材料工程 管理学	⟷	人类学 生理学 心理学 卫生学 解剖学 生物力学 人体测量学 劳动卫生学	⟷	生态学 环境保护学 环境医学 环境心理学 环境检测技术 环境行为学

图 1-1-5　人体工程学的相关学科之间的关系

（图1-1-5）。社会发展向后工业社会、信息社会过渡，人们开始重视"以人为本"，为人服务。现代人体工程学强调从人自身出发，在以人为主体的前提下研究人们的衣、食、住、行等生活、生产活动。

　　我国人体工程学的研究在20世纪30年代开始有少量的和零星的发展，但系统和深入的工作则开始于70年代后期，1980年4月，国家标准局成立了全国人类工效学标准化技术委员会，统一规划研究和审议全国有关人类工效学的基础标准的制定。1984年国防科工委成立了国家军用人机环境系统工程标准化技术委员会，这两个技术委员会的建立有力地推动了我国人体工程学研究的发展。此后在1989年又成立了中国人类工效学学会，因而在1995年9月创刊了学会会刊《人类工效学》（季刊）。20世纪90年代初，北京航空航天大学首先成立了我国该专业的第一个博士学科点，随后南京航空航天大学、西北工大、北京理工大学、北大医学部等大学也先后成立了相应的专业。当前，随着我国科技和经济的发展，人们对工作条件、生活品质的要求正逐步提高，对产品的人体工程特性也日益重视，一些厂商也因此把以人为本的人体工程学的设计理念作为产品的卖点。

1.1.3　人体工程学研究的内容

人体工程学的研究主要运用于人体科学及其相关学科的研究方法及手段，同时本学科的研究也建立了一些独特的新方法，以探讨人机环境要素间的复杂关系。这些方法包括测量人体各部分静态动态数据，调查询问或观察人的行为和反应特征，对时间和动作进行分析，研究测量人的心理状态和各种生理指标的动态变化，分析差错和事故的原因，运用数字和统计学的方法找到每个变数之间的关系，以便从中得出正确的结论或发展成有关理论。

人体工程学是研究人体特性的理论，其主要研究方向有以下几点。

① 在设计中与人体有关的问题：如人体形态特征参数、人的感知特性、人的反应特性等。

② 研究人机系统的总体设计：人机系统工作效能的高低首先取决于它的总体设计，也就是要在整体上使机器与人体相适应。

③ 研究工作场所和信息传递装置的设计：工作场所设计合理与否，将对人的工作效率产生直接影响。

④ 研究作业场所设计的目的：保证物质环境适应于人体的特点，使人以无害于健康的姿势从事劳动，既能高效完成工作，又感舒适。

同时，人体工程学关系到环境控制与安全保护设计。对设计师而言，人体工程学应用研究主要分为动作、工业产品及人机界面研究，环境条件、环境心理、环境行为、作业空间研究，视觉传达、家具、服装等领域的应用研究，人的情感因素、能力及作业研究。

1.1.4　人体工程学的意义

人体工程学有关于人体结构的诸多数据对设计起到了很大的作用，了解了这些数据之后，在设计产品时就能够充分地考虑到这些因素，做出合适的选择。设计时要考虑在不同空间与围护的状态下人们动作和活动的安全，以及适宜大多数人的尺寸，并强调静态和动态时的特殊尺寸要求。为了便于使用家具和设施，其周围必须留有活动和使用的最小尺寸，这样才不会使得活动在其中的人感觉约束、拘谨。另外，颜色及其布置方式都必须符合人体生理、心理特性及人体各部分的活动规律，以便达到安全、实用、方便、舒适与美观的目的。例如键盘、鼠标等计算机输入装置（图1-1-6），因使用者长期利用其从事工作或娱乐活动，因此符合人体工程学就成了设计的重点之一。

在我们生活的周围，与人体工程学相关的事物随处可见。家具、计算机、科技智能产品等，或多或少的体现着人体工程学的应用。正因为这些运用，才使得我们的生

图 1-1-6　人体工程学键盘鼠标的设计

活如此便捷与舒适。本书主要研究室内设计中的人体因素，运用人体测量学、心理学等手段和方法，研究人体结构功能、心理等方面与空间环境之间的合理协调关系。通过各种行为环境与室内设计的分析，甚至借助试验的方法来提出和设计有关的参数，使室内环境因素适应人类活动的需要，进而使室内环境取得最佳的使用效能。

1.2　人体工程学与设计的关系

人体工程学是一门涉猎广泛的综合学科，与许多学科有着密切的关系。仅从设计这一范畴来看，大到城市规划、交通工具、机械设备，小到服装、餐具、文具等（图1-2-1），总的来说，只要是与人类生活生产有关的一切事物的创造，都应考虑人体工程学因素。

图 1-2-1　人体工程学在设计中的应用

设计是什么？设计的本质是创造。狭义的设计是一种构思与规划，并将这种构思与规划通过一定的手段使之视觉化的过程，即通过设计构思，赋予设计对象以规定的形状与色彩，并用图纸或模型予以表达。广义的设计是一种生活方式，它可以创造一种新的文化形态。在中国家具史上从凭几到胡床，从胡床到圈椅，从圈椅到现代沙发，体现了从席地而坐到垂足高坐，从正襟危坐到舒适地靠坐的生活方式的演变（图1-2-2～图1-2-4）。因此，设计是生活方式的设计，它的含义不仅指物质生活的一面，还是人们精神生活的反映。总而言之，设计作为一种文化现象，是一项综合性的规划

图 1-2-2 凭几

图 1-2-3 胡床

图 1-2-4 圈椅

活动，是一门技术与艺术相结合的学科，同时受环境、社会形态、文化观念以及经济等多方面的制约和影响。现代设计应当以人为本，工业设计、环境设计、服装设计、视觉传达设计等任何设计的目的都是为人，而不是产品。此外设计还必须遵循自然与客观的法则，强调"用"与"美"的高度统一和"物"与"人"的完美结合，把先进的技术和广泛的社会需求作为设计风格的基础。所以设计的主导思想是以人为中心，着重研究"物（机）"、"人"以及"环境"之间的协调关系。

人体工程学研究人机环境系统中人-机-环境三个要素之间相互作用、相互依存的关系，它决定着系统总体的性能。本学科的人机系统设计理论就是科学利用三个要素之间的有机联系去寻求系统的最佳参数，因此在实践过程中，人体工程学的应用首先应从系统的角度去考虑问题，设定环境确立人机环境的系统。

人体工程学与设计学科在基本思想与工作内容上有很多一致性，两者同样都是研究人、物（机）以及环境之间的关系，研究物与人交接界面上的问题。但是，设计学科在历史发展中融入了更多人文因素和对美的探求，而人体工程学则在劳动与管理科学中有更广泛的应用，这是二者的区别。一项优良的设计，必然是人、环境、技术、经济文化等因素巧妙平衡的产物，为此要求设计师有能力在各种制约因素中找到一个最佳平衡点。从人体工程学和设计两学科的共同目标来评价判断最佳平衡点的标准就是在设计中坚持以人为核心的主导思想，以人为核心的主导思想，具体表现在各项设计均应以人为主线，将人体工程学理论贯穿于设计的全过程。

人体工程学研究内容及其对于设计学科的作用主要体现在以下几个方面。

① 为物质设计中考虑人体因素提供尺度参数。用人体测量学、人体力学、生理学、心理学等学科知识，对人体结构特征、机能特征进行研究，提供体重，人体各部分的尺寸、体表面积、重心等静态参数，人体各部分在活动时的相互关系、可及范围、动作速度频率、重心变化以及动作时的惯性等动态参数，分析人的视觉、听觉、触觉、嗅觉以及对肢体感觉器官的机能特征，分析人在劳动时的生理变化、能量消耗、疲劳程度以及对各种劳动负荷的适应能力，探讨人在工作时影响心理状态

的因素。人体工程学所提供的人体结构尺度、人体生理尺度和人的心理尺度等数据，可有效地运用到各种物质的设计中去。

② 为物质设计中产品功能的合理性提供科学依据。在现代各类物质的设计中，如只进行纯物质功能的创作活动，不考虑人体工程学的需求，那将是失败的创作活动。因此如何解决物与人相关的各种功能的最优化，创造出与人的生理和心理机能相协调的产品，是当今设计在功能问题上的重点，人体工程学的原理和规律将是设计师在设计前必须考虑的问题。

③ 为物质设计中考虑环境因素提供设计准则。通过研究人体对环境中各种物理因素的反应和适应能力，分析声、光、热、有毒气体等环境因素对人体的生理、心理以及工作效率的影响程度，确定了人在生产和生活中所处的各种环境的舒适范围和安全程度，从而保证健康、安全、舒适和高效。

④ 为进行人机环境系统设计提供理论依据。人体工程学在研究人-机-环境三个要素自身特点的基础上，不仅着眼于个别要素的优良与否，还将人与机及其共处的环境作为一个系统来研究，在人体工程学中，人、机、环境三个要素之间相互依存、相互影响的关系，决定了该系统整体的性能。人机系统设计理论在指导具体设计时，通常是在明确系统要求的前提下，着重分析和研究人、机及环境三个要素对系统总体性能的影响。如系统中人和机的职能如何分配、环境如何适应人，机对环境又有何影响等问题，经过不断修正和完善三要素的结构方式，最终确保系统最优化组合方案的实现。由此，人体工程学为设计开拓了新的设计思路，并提供了独特的设计方法和有关理论依据，为坚持以人为核心的设计思想提供工作程序。

1.3　人体工程学在设计中的应用

人体工程学中提供的大量人体数据为设计提供尺度依据。人体测量学是人体工程学的重要组成部分。设计时，为使人和设计"物"相协调，必须对设计"物"同人相关的各种装置，做适合于人体形态生理以及心理特点的设计，让人在使用过程中处于舒适和易于使用的状态。

① 人体工程学为形态设计提供参考。形态是设计物，给消费者的第一印象会强烈影响消费者的情感。形态设计要在满足功能的前提下，满足安全性、健康性以及审美性等方面的要求。例如：产品采用柔和的曲线、舒缓的曲面过度、避免尖锐的棱角，以保证人在使用过程中的安全性；通过整体形态的塑造，模仿常用物品造型，便于快速上手使用。

② 人体工程学为色彩设计提供科学指导。设计对象的色彩除了满足人们的审美需求外，还应该有利于人们使用时的各种活动，使操作者心情舒畅、有安全感，提高工作效率，同时在一些特殊场合，色彩设计要考虑人体工程学要求。色彩的人体工程学功能主要体现在辨识作用、警示作用和心理暗示作用。色彩是最能影响人感情的重要因素之一，例如蓝色使人联想到大海、天空，使人感觉平静安宁和清爽；又如绿色使人联想到大自然、富有生命力和环保；再如红色比较醒目，各种表示禁止含义的警示标牌都采用红色作为主色。根据受众的不同，在产品中适当点缀一些鲜艳的颜色，能使产品活泼生动，更有趣味。产品的色彩设计整体要协调统一，好的色彩设计会拉近产品与人的距离，让使用者更容易接受。

1.3.1　产品设计

产品设计的目的就是要不断从人出发，为人而设计，通过设计制造出符合功能要求的优质产品及人-机-环境系统，来为人服务。产品的造型设计师对产品的功能、材料、构造形态、色彩、表面处理装饰等因素，从社会、经济、技术的角度进行综合处理，使其既符合人们对产品物质功能的要求，又满足人们审美情绪的需求。产品作为人造物，作为人类改造世界的产物，它的最终价值判断是以人为中心的，也就是科技以人为本与产品美学要素一样重要，甚至对许多工程师来说，比产品美学要素更重要。因此也可以说产品设计主要解决的是产品如何适应人的使用方式方法。

1.3.2　环境设计

现代建筑的设计中将"以人为本"的理念深入到建筑本身中去，不再仅仅是从美学角度中去考虑，而是深入到使用功能上。

仅从室内环境设计这一范畴来看，人体工程学具有如下作用。

① 人体工程学是确定人和人在室内活动所需空间的主要依据。根据人体工程学中的有关数据，从人的尺度、动作域、心理空间及人际交往的空间等方面确定空间范围。

② 人体工程学是确定家具设施的形体、尺度及适用范围的主要依据（图1-3-1）。家具设施，为人

图 1-3-1　家居环境中人体工程学的运用

所使用，因此它们的形体尺度必须以人体尺度为主要依据，同时为了使用这些家具和设施，其周围必须留有活动和使用的最小余地。这些要求都由人体工程学予以解决。室内空间越小，停留时间越长，对这方面内容测试的要求也越高，例如车厢、船舱、机舱等交通工具内部空间的设计。

③ 人体工程学提供适应人体的室内物理环境的最佳参数（图1-3-2、图1-3-3）。室内物理环境主要有室内热环境、声环境、光环境、重力环境、辐射环境等。有了上述要求的科学参数后，设计师更容易做出正确的决策。

图 1-3-2　室内光照

图 1-3-3　室内声、光效果

④ 人体工程学为室内视觉环境设计提供科学依据。人眼的视力、视野、光觉、色觉是视觉的要素，人体工程学通过计算测量得到的数据，对室内光照设计、色彩设计、视觉最佳区域的确定等提供了科学的依据。

⑤ 关注人的行为、生活方式、心理需求与室内环境的关系，坚持以人为核心的设计思想。确定心理反应的适应能力，创造适合人类自身的居住环境，营造人性化的个性空间。

1.3.3　其他领域

除产品设计、环境设计之外，人体工程学还在其他专业领域有着广泛的应用。例如：机械产品的应用，产生了人机工效学；医疗器械的应用，产生了医疗工效学；人事管理，产生了人际关系学；交通管理的应用，产生了安全工效学，等等。

在服装设计领域，人体工程学从人对产品的直接体验开始，就像哪件衣服比较合身，哪件首饰比较好看。前者涉及与使用者身材的适应，后者涉及与使用者心理的适应。由于服饰以及人的装饰性物品的文化历史悠久和产品间竞争激烈，设计者懂得量体裁衣的道理，通过不断改进样式、风格、材质以迎合使用者各方面的需要。人体工程学的原则逐渐融合到整个设计过程之中，甚至已经不需要特别说明就会自觉遵循。

1.4 人体工程学的基础知识

早期的人体工程学主要研究人和机械的关系，而作为环境设计这一专业学科来说，在研究人和机械的前提下，如何为人在空间中的行动、行为带来舒适、便捷以及高效是人体工程学研究的主要目标。因此，研究这一领域的前提条件是掌握人体生理学、人体心理学等基础知识。

1.4.1 人体生理学

人体生理学的主要目的是研究构成人体各个系统的器官和细胞的正常活动过程，特别是器官、细胞功能表现的内部机制，不同细胞、器官、系统之间的互相联系和相互作用，并阐明人体作为一个整体，其各部分的功能活动是如何相互协调、相互制约，从而能在复杂多变的环境中维持正常的生命活动过程。之所以在人体工程学这个方向的研究中要提及人体生理学，是因为人在日常的行为活动中，总是要借助外界的工具来实现某种行为，比如坐在某个位置休息、运用某种介质工作或者借助某些设备进行娱乐活动等，在我们的生活中无处不在。由此可见，人体生理学是人体工程学的前提条件。

1.4.2 人体心理学

近些年来，由于经济的飞速发展，人们的生活水平以及生活质量也随之提高，同时，人们的精神压力也越发明显。因此，人的心理健康也得到了明显的重视。

心理因素是影响生理健康和工作效率的最直接的因素。因此，人体工程学不只是研究在某种条件下对人的生理上的损伤，更是要研究对人的心理上的损害，比如一张书桌的高度不符合使用者的身高比例要求，除了增加使用者的疲劳程度，还会给使用者带来心理上的不舒适感，故而引起使用者焦躁、应激的反应。

心理学的知识可以促进人们对自己的行为和内心的了解。通过对心理学的学习，可以了解某种行为的产生是由什么因素决定的，这些行为的背后是怎样的心理活动，乃至自己的秉性、脾气等特征又是如何形成的。

心理学除了有助于对心理现象和行为作出描述性解释外，还向人们指出了心理活动产生和发展变化的规律。人的心理特征具有一定的稳定性，但同时也具有可塑性。因此，可以在一定范围内对自身和他人的行为进行预测和调整，也可以通过改变内在或外在的因素实现对行为的调控。也就是说，可以尽量消除不利因素，创设有利情境，引发自己和他人的积极行为。

心理学可以分为理论研究与应用研究两大部分，理论研究的知识大部分是以间接方式指导着我们的各项工作，而应用研究的各个分支在实际工作中则可以直接起作用。例如在商业空间中，为了促进消费者的消费行为，运营商利用广告心理学的知识，加强对展示空间的设计，铺设大量促销海报，以此来吸引更多的顾客。

1.4.3 人体的心理感知

感知即意识对内外界信息的觉察、感觉、注意、知觉的一系列过程。感知可分为感觉过程和知觉过程。

一、感觉

感觉是人脑对直接作用于感觉器官的客观事物的个别属性的反映，人对各种事物的认识活动是从感觉开始的，感觉是最初级的认识活动。通过感觉，人能够认识到自己机体的各种状态，比如饥饿、寒冷等，从而有可能实现自我调节，比如因饥则食。同时，感觉是知觉、记忆、思维等复杂的认识活动的基础，也是人的全部心理现象的基础，是最简单、最基本的心理活动。感觉主要是由外界物理量引起。在心理物理学中，物理量和心理量之间的关系可以用感受性大小来说明。感受性是人对适宜刺激的感受能力，而感受性是用感觉阈限来度量的。感觉阈限是指人的感觉器官感到某个刺激存在或刺激发生变化所需刺激强度的临界值，并且感受性和感觉阈限之间成反比例关系，感觉阈限越高，感受性越弱；感觉阈限越低，感受性越强。感觉信息的神经加工主要分为三个阶段：感受器接收到刺激信号，转化为神经信号；神经信号通过传入神经传输到中枢系统；信息到达后刺激中枢神经系统特别是大脑皮质进行活动，从而产生感觉经验。

二、知觉

知觉是人脑对直接作用于感觉器官的客观事物的整体反映，对外界的感觉信息进行组织和解释。感觉是一切心理活动的基础，事物被感觉后，才能在此基础上被知觉、思维。对客观事物的个别属性的认识是感觉，对同一事物的各种感觉的结合，就形成了对这一物体的整体的认识，也就是形成了对这一物体的知觉。知觉是人主动对感觉信息进行加工、推论和理解的过程。感觉是信息的初步加工，知觉是信息的深入加工。感觉与知觉是密不可分的。首先，知觉反映了事物的某种意义，是对事物的解释过程；其次，知觉是对感觉属性的概括，是对感觉后的信息进行综合取舍，最后概括出来的过程；再而，知觉囊括了思维的因素。知觉要根据感觉信息和个体因素提供出来的经验来最终决定反应的结果。

1.4.4 环境心理学

人与环境的关系，归根结底是人对环境的需求关系。人类从巢居的原始状态逐渐演变成能够筑造房屋，主要是为了遮挡风雨、躲避猛兽，这是原始人的基本需求。随着基本需求得到满足，人类渐渐对安全感和舒适感有了更高的要求，便有了心理感受这一心理过程，人类对居住环境以及建筑特征的需求从生理需求逐渐转变为对建筑的坚固性、稳定性、舒适性的需求。

心理学是主要研究社会环境中人与人之间的行为及在行为过程中人的心理过程的科学，而环境心理学是用心理学的方法探讨人类行为与各种环境之间相互作用关系的学科。人们所认知的环境是个体中的人所处的周围环境的状况，相对于人而言，环境是围绕着人们并对人们的行为产生一定影响的外界事物，而人们也可以通过自身的行为使外界事物产生变化。这里所说的环境虽然也包括社会环境，但主要是指物理环境，包括噪声、灯光、空气质量、温度等。

环境心理学的根本目的就是关注生活中人工环境的心理倾向，把选择环境与创建环境相结合，着重研究人对环境的认知、环境中人的行为和感觉、环境和行为的关系、环境空间的塑造。本书中所涉及的环境心理学主要是研究人类居住环境中的舒适度以及为人带来的便捷与否，主要目的是减少破坏性行为，创造安全舒适的心理感受。

一、环境的认知与心理空间

人对环境的感觉是人对环境中直接作用于感觉器官的客观事物个别属性的反应，主要以生理机能为基础，具有较大的普遍性，因而有较小的个体差异。人对环境的知觉是建立在感觉的基础上，把过去的经验与各种感觉结合而形成的，是纯粹心理上的。当前人们开始密切关注自己的生存空间时，生活环境品质的好坏就会影响着不同人日常生活的幸福感及工作效率。

环境可分为空间和场所。人对空间的认识或者观念并不是生来就有的，而是从外界静态物体与人的关系中确立的空间的概念。比如城市空间，是由建筑物、道路、树木、水体等实体围合而成。因此，空间其实是由界面和构件围合成的三维空间。那么，场所是什么呢？场所其实是由空间和环境共同构成的，具有一定的精神含义。创造一个空间以及人处在空间中产生的场所感，要懂得空间形象和环境气氛的心理效应，并意识到空间对人心理活动的影响，分析不同空间形象的心理效应对人产生的空间感和场所感。也可以概括为，空间是通过生理感受限定的，场所则是通过心理感受限定的（图1-4-1和图1-4-2）。

图 1-4-1　苏州博物馆室外空间　　　　　　　　　图 1-4-2　江南水乡

二、环境心理感受与个人空间

随着生活质量的提高，人们对环境的心理需求已经不仅仅是停留在物质满足层面，对于安全性、受尊重性，以及个人空间、私密性等精神环境条件的需求也越加强烈。在环境心理学概念里，个人空间既包括生物性的一面，又包括社会和文化性的一面。个人空间的度量依据个人所意识到的不同情境而膨胀，是个人心理所需要的最小空间范围。他人对这一空间的干扰会引起个人的焦虑和不安。了解环境空间与人的共存、环境空间对人的行为影响等诸多问题，从而使我们能够从人对环境的心理需求来指导实践中如何创造人性化空间的环境设计。

三、环境与人的心理及行为的相互作用

人与环境总是通过某种相互作用来达到一种平衡，在这一动态平衡中日益完善。空间与人的行为相结合，才能构成行为场所，才会有场所效益。单纯的建筑空间，由于存在着某种形式的心理感应，对人的视觉感知会起到聚焦、发散、游移的作用。但对于行为的诱发还要通过事件、活动内容、人的动态组合等进行，人对球场、会场、商场等的兴趣，并不是来自空间，而是基于活动的内容和方式是否能诱

发人的兴趣和潜在的动机。环境对人的心理感受是做环境设计的重要参考依据，同时也是人对环境心理的一种诉求，达到人与环境之间的和谐。

四、人性化的空间设计

人性化空间设计主要是利用人的行为、心理因素为准则进行场所的创造。无论是自我存在的独处行为或公共交往的社会行为，都具有以社会为背景的私密性与公共性的双重性。环境空间根据人的活动性质不同，可以分为运动空间和停滞空间。运动空间需要满足行进、散步、晨练或游戏等活动需要，而停滞空间则用于静坐、观赏、读书、等候、交谈等。因此，处理运动空间设计时需考虑空间区分，力求开阔平坦、无障碍物，可设计成欢乐的自由空间，以柔和与流畅的铺装图案、无限制的活动区域、自然的形象和温暖的色彩等设计来衬托空间的欢乐景象；停滞空间环境相对安静、封闭，可设置桌椅、照明灯具等休闲用品，配以浓密的绿化和矮墙，创造出安宁的心态，提供舒适的设施和有趣的配景，力求设计得轻松、悠闲。停滞空间应通过植物绿化和家具的摆设，与运动空间相隔离，使人获得所需的人性空间（图1-4-3）。

空间的个性化、特征性设计能加强空间带给人们的视觉上的吸引与情绪上的感染，使人获得深刻印象。通过可见的形状、尺度、色彩和质感来表现个性化的设计，如广州新白云国际机场的步行通道，通过视觉延伸，把交通功能和视觉环境联系起来，形成了极具个性特征的交通空间（图1-4-4）。

环境心理学要求我们在处理任何有关环境关系的问题上，都需对建筑物及其周边环境或空间感觉有一定经验、认知和了解，以期制定一种标准，创造一个合乎人

图 1-4-3　通过植物分隔的空间

图 1-4-4　广州新白云国际机场交通空间

性需求的境界。因此，环境空间设计应在满足环境心理学要求的前提下，创造良好的功能性空间环境，形成适宜的人居环境，达到满足人的归属感、领域感、安全感的目的，人们才乐于停留其间。

1.5 人体测量原理与应用

人体测量学是人体工程学的重要组成部分，进行产品设计和环境设计时为了使人与产品、人与环境相互协调与融合，必须要对产品的各种装置和人所在的环境作适合于人体形态、生理及心理特点的设计，让人在使用产品的过程中处于舒适的状态。因此设计师应了解人体测量学等方面的基本知识，并熟悉有关设计所必需的人体测量基本数据的原理、应用方法和应用条件。

1.5.1 人体测量的概念

人体测量学是一门新兴的学科，它是研究用何种精密仪器与方法，测量产品设计时所需的人体各有关参量。通过测量人体各部位的尺寸来确定个体之间和群体之间在人体尺寸上的差别，用以研究人的形态特征、生理特征及心理特征，从而为产品设计、工程设计、人类学研究、医学、环境设计等提供人体基础资料。

在进行人体工程学研究时，为了便于进行科学的定性定量分析，首先遇到的问题就是如何获得相关人体生理特征的数据。所有这些数据都要在人体上通过测量而获得。人体测量的目的就是为研究者和设计者提供依据。

人体测量是协调人与环境之间关系、提高人类生产效率和生活效率中必不可少的一个重要环节。在现代产品设计中，各种操作工具、家用电器、家具、玩具、交通工具、医疗器械等的各个方面的设计，无不需要人体数据作为参考。各种与人有关的标准的确立都以人体测量数据为基础，进而应用到设计中。只有拥有高水平的人体测量技术与完善的人体测量数据库建立的人体原型，才能设计出高品质、高标准的宜人化产品。因此，人体测量及测量技术对于工业设计的发展，有着不可替代的重要作用。

1.5.2 人体测量的发展

人体测量学是一门新兴的学科，它是通过测量人体各个部分的尺寸来确定个人之间和群体之间在尺寸上的差别的学科，最早对这个学科命名的是比利时的数学家奎特莱特（Quitlet），他于1870年出版了《人体测量学》一书，为世界公认创建了这一学科，然而人们开始对人体尺寸感兴趣并发现人体各部分相互之关系则可追溯到两千年前。

公元前一世纪，罗马建筑师维特鲁威（Vitruvian）就从建筑学的角度对人体尺寸进行了较完整的论述，如图1-5-1使用维特鲁威人体比例制作的雕塑，并且发现人体基本上以肚脐为中心，由此设计展现完美人体比例关系的研究，如图1-5-2所示古希腊完美的人体比例雕塑。

图 1-5-1　使用维特鲁威人体比例制作的雕塑　　　　图 1-5-2　古希腊完美的人体比例雕塑

祖国医学典籍《内经·灵枢》中的《骨度篇》，已有人体测量的记载阐述。1492年，意大利文艺复兴的先驱达·芬奇（图1-5-3），整理出著名的人体比例图，它显示了一种理想的人体比例关系，即一个人臂展距离和身体高度相等，如图1-5-4所示，该图成为后来人体测量的基础。文艺复兴巨匠米开朗琪罗（1475—1564）创作的著名雕塑《大卫》（图1-5-5）也展示了当时人们理想中的男性身体比例关系。如此可以看出古代对人体尺寸、形态的关注主要着眼于建筑、雕塑、文化。

1870年比利时人奎特莱特出版《人体测量学》，由此有了关于人体测量研究的理论依据；1914年德国人类学家马丁的《人类学教科书》出版，为沿用至今的各国人体尺寸测量方法奠定了基础；1919年，美国进行了10万退伍军人的多项人体测量工作，所得数据用于军服的设计制作；二战后，美、英两国又进行了大规模的海空军人体测量，于1946年提出研究报告《航空部队人体尺寸和人员装备》，这是人体尺寸用于人体工程设计的重要文献。

现在世界各先进国家都有本国的人体尺寸国家标准。

图 1-5-3　达·芬奇

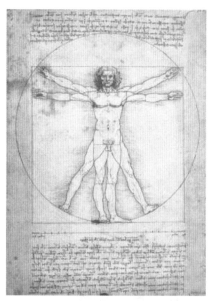
图 1-5-4　人体比例图

图 1-5-5　大卫

1.5.3　人体测量的种类与内容

通过人体测量所获取的人体形态数据可以分为两种，一种是静态尺寸，也称构造尺寸，另一种是动态尺寸，又称为功能尺寸。

静态尺寸是采用静态姿势进行测量得到的数据，它是人体处于固定状态下进行测量的，可以测量许多不同的标准状态和不同部位，如手臂长度、腿长度、坐高等。它对与人体接触密切、直接的物体有较大关系，如家具、服装和手动工具等，主要为人体各种装具设备提供数据，图1-5-6为我国成年人体平均尺寸。

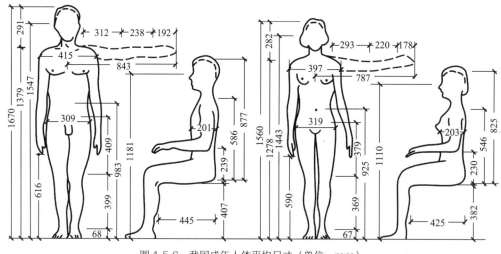
图 1-5-6　我国成年人体平均尺寸（单位：mm）

　　动态尺寸是人处在动作状态下测量的，是人在进行某种功能活动时肢体所能达到的空间范围，即由关节的活动、转动所产生的角度与肢体的长度协调产生的范围尺寸，测量得到的数据具有连贯性和运动性，它对于解决许多带有空间范围、位置的问题提供有利的数据保障，图1-5-7为人体部分活动的动作范围。

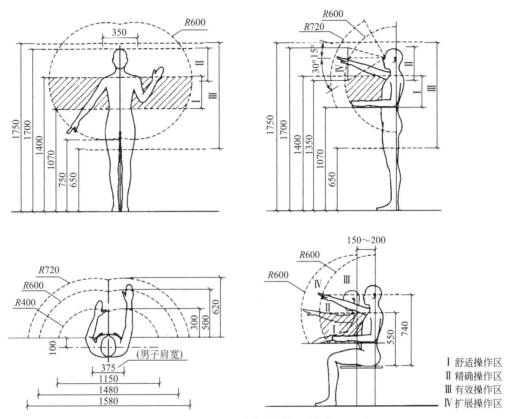

图 1-5-7　人体部分活动的动作范围（单位：mm）

1.5.4　人体测量的技术与方法

一、人体测量技术

　　人体测量技术在几十年的发展历程中，大致经历了由手动到自动、接触式到非接触式、二维到三维的发展过程，并向自动测量和利用计算机测量、处理和分析的方向发展。从技术发展来看，人体测量技术可以分为普通测量技术和三维数字化人体测量技术。

　　普通测量技术是指采用推荐测量工具对人体生理数据进行测量，测量工具包括人体测高仪（包括圆杆直脚规和圆杆弯脚规）、直脚规、弯脚规、软尺和体重计等，其数据处理采用人工处理或者人工输入与计算机处理相结合的方式。此种测量方式耗时耗力，数据处理容易出错，数据应用不灵活，但成本低廉，具有一定的适用性，图1-5-8为部分人体测量常用工具，图1-5-9为运用普通测量技术进行测定的方法展示，图1-5-10展示了普通技术人体测量的实际操作场景。

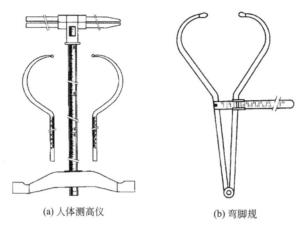

(a) 人体测高仪　　　(b) 弯脚规

图 1-5-8　部分人体测量常用工具

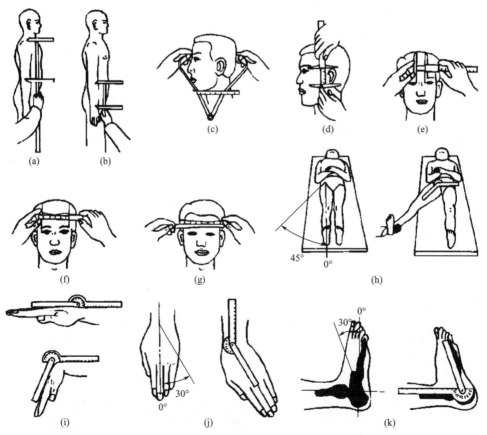

图 1-5-9　普通测量技术的测定方法

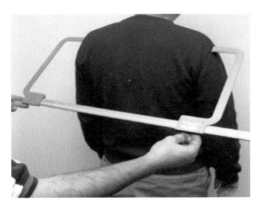

图1-5-10　人体测量操作场景

三维数字化人体测量技术是随着现代科技发展而取得的人体测量技术的突破，它弥补了常规的接触式人体测量的不足，使测量结果更加准确、可靠。三维人体自动测量方法主要有光学图样法和基于图像传感器的光电法。与传统的测量方法相比较，三维人体测量方法主要特点是快速、准确、效率高等，且所测得的数据可直接运用于系统，以实现人体测量和相关设计的一体化。

从仪器本体的原理来讲，三维数字化人体测量分为手动接触式、手动非接触式、自动接触式、自动非接触式等，最终可以根据所需速度、精度和造价确定合适的方式。图1-5-11为美国技术公司的FaroArm手动接触式数字化测量仪，图1-5-12为非接触式三维数字化人体测量的演示，通过数字化测量仪器测定的数据可以直接运用于数字化的应用分析，如图1-5-13和图1-5-14所示。

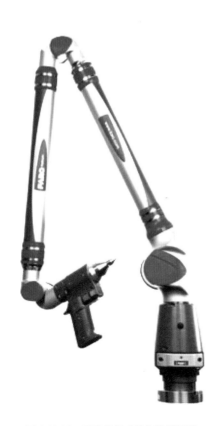

图1-5-11　手动接触式数字化测量仪

图1-5-12　非接触式三维数字化人体测量

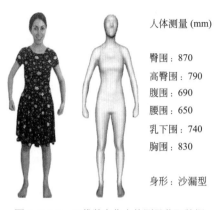

人体测量 (mm)

臀围：870
高臀围：790
腹围：690
腰围：650
乳下围：740
胸围：830

身形：沙漏型

图 1-5-13　三维数字化人体测量获取数据　　　　图 1-5-14　数字化人体测量应用分析

二、测量姿势

在进行人体测量时，被测者姿势可采用直立姿势（简称立姿）和坐姿两种（图 1-5-15），无论采用哪种姿势，身体都必须保持左右对称。由于呼吸而使测量值有变化的测量项目应在呼吸平静时进行测量。

立姿是指被测者挺胸直立，头部以眼耳平面定位，眼睛平视前方，肩部放松，上肢自然下垂，手伸直，手掌朝向体侧，手指轻贴大腿侧面，膝部自然伸直，左、右足后跟并拢，前端分开，使两足大致成45°夹角，体重均匀分布于两足。为确保立姿正确，被测者应使足后跟、臀部和后背部与同一铅垂面相接触。

坐姿是指被测者挺胸坐在被调节到腓骨头高度的平面上，头部以眼耳平面定位，眼睛平视前方，左、右大腿大致平行，膝弯曲大致成直角，足平放在地面上，手轻放在大腿上。为确保坐姿正确，被测者的臀部、后背部应同时靠在同一铅垂面上。

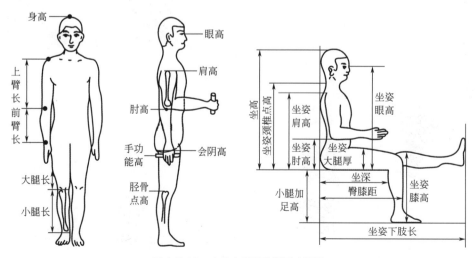

图 1-5-15　人体立姿和坐姿尺寸测量

三、测量基准面

如图1-5-16所示为部分人体测量的基准面
和基准轴。

① 矢状面：人体测量基准面的定位是由三个
互相垂直的轴（铅垂轴、纵轴和横轴）来决定的。
通过铅垂轴和纵轴的平面及与其平行的所有平面都
称为矢状面。

② 正中矢状面：在矢状面中，把通过人体正
中线的矢状面称为正中矢状平面。正中矢状平面将
人体分成左、右对称的两个部分。

③ 冠状面：通过铅垂轴和横轴的平面及与其
平行的所有平面都称为冠状面。冠状面将人体分成
前、后两个部分。

④ 水平面：与矢状面及冠状面同时垂直的所
有平面都称为水平面。水平面将人体分成上、下两
个部分。

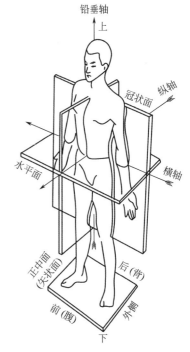

图1-5-16 部分人体测量的基准
面和基准轴

⑤ 眼耳平面：通过左、右耳屏点及右眼眶下点的水平面称为眼耳平面或法兰克
福平面。

四、测量方向

① 在人体上、下方向上，将上方称为头侧端，将下方称为足侧端。

② 在人体左、右方向上，将靠近正中矢状面的方向称为内侧，将远离正中矢状
面的方向称为外侧。

③ 在四肢上，将靠近四肢附着部位的称为近位，将远离四肢附着部位的称为
远位。

④ 在上肢上，将桡骨侧称为桡侧，将尺骨侧称为尺侧。

⑤ 在下肢上，将胫骨侧称为胫侧，将腓骨侧称为腓侧。

五、测量项目

在国标GB/T 3975—1983《人体测量术语》和GB/T 5703—1985《人体测量方法》
正文中规定了人体工程学使用的有关人体测量参数的测点及测量项目共69项，后又
发布实施了GB/T 5703—1999《用于技术设计的人体测量基础项目》，该标准等效采
用了国际标准ISO 7250:1996《用于技术设计的人体测量基础项目》，正文中的人体

测量基础项目列共计56项。目前国内使用的标准为2011年发布实施的GB/T 5703—2010《用于技术设计的人体测量基础项目》，用于代替GB/T 5703—1999《用于技术设计的人体测量基础项目》，该标准采用自ISO 7250—1:2008《用于技术设计的人体测量基础项目 第1部分：人体测量的定义和标记点》，正文中的人体测量基础项目包括立姿测量项目12项、坐姿测量项目15项、特定部位的测量项目11项、功能测量项目13项（表1-5-1）。

表1-5-1 人体测量项目

分类	项目名称	分类	项目名称	分类	项目名称
立姿测量项目	体重	坐姿测量项目	肘腕距	特定部位的测量项目	头宽
	身高		肩宽		形态面长
	眼高		肩最大宽		头围
	肩高		两肘间宽		头矢状弧
	肘高		臀宽，坐姿		耳屏间弧
	髂前上棘点高，立姿		小腿加足高	功能测量项目	墙-肩距
	会阴高		大腿厚，坐姿		上肢执握前伸长
	胫骨点高		膝高，坐姿		肘-握轴距
	胸厚，立姿		腹厚，坐姿		拳（握轴）高
	体厚，立姿	特定部位的测量项目	手长		前臂-指尖距
	胸宽，立姿		掌长		臀-腘距
	臀宽，立姿		手宽		臀-膝距
坐姿测量项目	坐高		食指长		颈围
	眼高，坐姿		食指近位宽		胸围
	颈椎点高，坐姿		食指远位宽		腰围
	肩高，坐姿		足长		腕围
	肘高，坐姿		足宽		大腿围
	肩肘距		头长		腿肚围

1.5.5 影响人体测量数据差异的主要因素

人体尺寸测量如仅仅是着眼于积累资料是不够的，还要进行大量细致的分析工作。由于很多复杂的因素都在影响着人体尺寸，所以个人与个人之间，群体与群体之间，在人体尺寸上存在很多差异，不了解这些就不可能合理的使用人体尺寸数据，也就达不到预期的目的。人体测量数据随种族、地区、性别、年龄、职业和生活状况等的不同而有差异。

一、种族

从人种学的角度来说，由于遗传等诸多因素，不同种族的人在体格方面有明显的差异，人体比例和尺寸也随之不同。

二、地区

不同国家、不同地区的人，由于人类发展的历史不同，以及水土环境和气候的影响，无论在体形，还是身体各部分比例与尺寸上都有较大的差别，即使同一国家不同区域也有差异。如表1-5-2所示，我国不同地区的人体尺寸都存在较大差异。

表1-5-2　我国不同地区人体尺寸对比

地区		男（18~60岁）			女（18~55岁）		
		体重/kg	身高/mm	胸围/mm	体重/kg	身高/mm	胸围/mm
东北、华北	均值	64	1693	888	55	1586	848
	标准差	8.2	56.6	55.5	7.7	51.8	66.4
西北	均值	60	1684	880	52	1575	837
	标准差	7.6	53.7	51.5	7.1	51.9	55.9
东南	均值	59	1686	865	51	1575	831
	标准差	7.7	55.2	52.0	7.2	50.8	59.8
华中	均值	57	1669	853	50	1560	820
	标准差	6.9	56.3	49.2	6.8	50.7	55.8
华南	均值	56	1650	851	49	1549	819
	标准差	6.9	57.1	48.9	6.5	49.7	57.6
西南	均值	55	1647	855	50	1546	809
	标准差	6.8	56.7	48.3	6.9	53.9	58.8

三、性别

男性和女性在12～14周岁之前，身体尺寸方面没有太大差异，有的女性身高还会超出男性。但到了青春期之后，人体差异就非常明显，在人体尺寸、重量、躯干外形和比例关系上都有明显差异（图1-5-17）。

四、年龄

人的体形随着年龄的增长而变化，不同年龄的人体尺寸差异很大，如图1-5-18所示，儿童、青少年、成年男子与女子的身体比例都不相同。通过实验研究也反映出人的臂力和腿力会随年龄变化而变化。

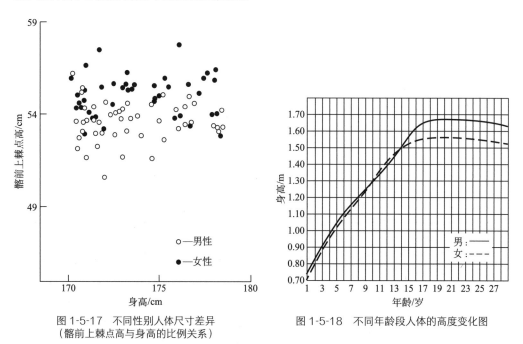

图 1-5-17　不同性别人体尺寸差异　　　　　图 1-5-18　不同年龄段人体的高度变化图
（髂前上棘点高与身高的比例关系）

五、职业

不同职业的人，在身体大小及比例上也存在着差异，如体力劳动者和脑力劳动者，体力劳动者体型更偏向于标准或偏瘦，而脑力劳动者体型更容易偏胖。

六、生活状况

随着人类社会的不断发展，医疗卫生、文化生活水平的不断提高以及体育运动的大力开展，人们生活环境和习惯有了很大的改变，导致成长发育也发生了变化。有数据显示，1985年东部城市成年男性平均身高170.49cm，女性167.26cm，西部城市成年男性平均身高168.73cm，女性166.28cm；到了2010年，东部城市成年男性平均身高173.33cm，女性171.65cm，西部城市成年男性平均身高171.31cm，女性169.88cm。1985—2010年，东部城市成年男性平均身高增长2.84cm，女性增长4.39cm，西部城市成年男性平均身高增长2.58cm，女性增长3.6cm。从数据中可以看出随着经济发展，生活水平提高，男女平均身高都有了提高，东部由于经济发展更好，提高幅度较西部高。

1.5.6　常用人体尺寸数据

一、立姿人体尺寸1

立姿人体尺寸1，如图1-5-19所示，详细数据见表1-5-3。

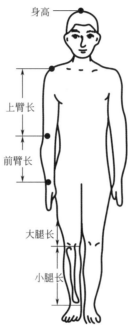

图 1-5-19　立姿人体尺寸 -1

表1-5-3　立姿人体尺寸-1　　　　　　　　　　　　　　　　单位：mm

测量项目	性别													
	男（18~60岁）							女（18~55岁）						
	百分位数													
	1	5	10	50	90	95	99	1	5	10	50	90	95	99
身高/mm	1543	1583	1604	1678	1754	1775	1814	1449	1484	1503	1570	1640	1659	1697
体重/kg	44	48	50	59	71	75	83	39	42	44	52	63	66	74
上臂长/mm	279	289	294	313	333	338	349	252	262	267	284	303	308	319
前臂长/mm	206	216	220	237	253	258	268	185	193	198	213	229	234	242
大腿长/mm	413	428	436	465	496	505	523	387	402	410	438	467	476	494
小腿长/mm	324	338	344	369	396	403	419	300	313	319	344	307	376	390

二、立姿人体尺寸2

立姿人体尺寸2，如图1-5-20所示，详细数据见表1-5-4。

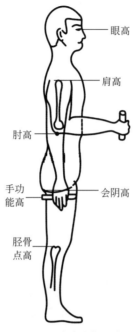

眼高

肩高

肘高

手功能高 会阴高

胫骨点高

图 1-5-20　立姿人体尺寸 -2

表1-5-4　立姿人体尺寸-2　　　　　　　　　　　单位：mm

测量项目	性别													
	男（18~60岁）							女（18~55岁）						
	百分位数													
	1	5	10	50	90	95	99	1	5	10	50	90	95	99
眼高	1436	1474	1495	1568	1643	1664	1705	1337	1371	1388	1454	1522	1541	1579
肩高	1244	1281	1299	1367	1435	1455	1494	1166	1195	1211	1271	1333	1350	1385
肘高	925	954	968	1024	1079	1096	1128	873	899	913	960	1009	1023	1050
会阴高	701	728	741	790	840	856	887	648	673	686	732	779	792	819
手功能高	656	680	693	741	787	801	828	630	650	662	704	746	757	778
胫骨点高	394	409	417	444	472	481	498	363	377	384	410	437	444	459

三、坐姿人体尺寸

人体的坐姿人体尺寸，如图1-5-21所示，详细数据见表1-5-5。

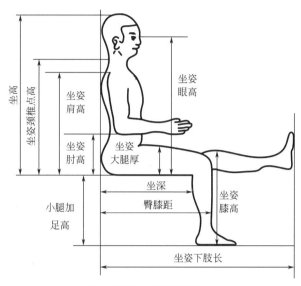

图 1-5-21　坐姿人体尺寸

表1-5-5　坐姿人体尺寸　　　　　　　　　　　　　　单位：mm

测量项目	性别													
	男（18~60岁）							女（18~55岁）						
	百分位数													
	1	5	10	50	90	95	99	1	5	10	50	90	95	99
坐高	836	858	870	908	947	958	979	789	809	819	855	891	901	920
坐姿颈椎点高	599	615	624	657	691	701	719	563	579	587	617	648	657	675
坐姿肩高	539	557	566	598	631	641	659	504	518	526	556	585	594	609
坐姿肘高	214	228	235	263	291	298	321	201	215	223	251	277	284	299
小腿加足高	372	383	389	413	439	448	463	331	342	350	382	399	405	417
坐姿眼高	729	749	761	798	836	847	868	678	695	704	739	773	783	803
坐姿大腿厚	103	112	116	130	146	151	160	107	113	117	130	146	151	160
坐深	407	421	429	457	486	494	510	388	401	408	433	461	469	485
臀膝距	499	515	524	554	585	595	613	481	495	502	529	561	570	587
坐姿膝高	441	456	464	493	523	532	549	410	424	431	458	485	493	507
坐姿下肢长	892	921	937	992	1046	1063	1096	826	851	865	912	960	975	1005

四、人体水平尺寸

人体水平尺寸，如图1-5-22所示，详细数据见表1-5-6。

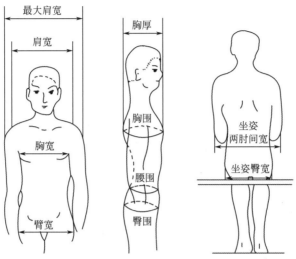

图 1-5-22　人体水平尺寸

表1-5-6　人体水平尺寸　　　　　　　　　单位：mm

测量项目	性别													
	男（18~60岁）							女（18~55岁）						
	百分位数													
	1	5	10	50	90	95	99	1	5	10	50	90	95	99
最大肩宽	383	398	405	431	460	469	486	347	363	371	397	428	438	458
肩宽	330	344	351	375	397	403	415	304	320	328	351	371	377	387
胸宽	242	253	259	280	307	315	331	219	233	239	260	289	299	319
臀宽	273	282	288	306	327	334	346	275	290	296	317	340	346	360
胸厚	176	186	191	212	237	245	261	159	170	176	199	230	239	260
胸围	762	791	806	867	944	970	1018	717	745	760	825	919	949	1005
腰围	620	650	665	735	859	895	960	622	659	680	772	904	950	1025
臀围	780	805	820	875	948	970	1009	795	824	840	900	975	1000	1044
坐姿两肘间宽	353	371	381	422	473	489	518	326	348	360	404	460	478	509
坐姿臀宽	284	295	300	321	347	355	369	295	310	318	344	374	382	400

五、人体各部位尺寸与身高的比例

人体各部位尺寸与身高的比例,如图1-5-23所示,详细数据见表1-5-7。

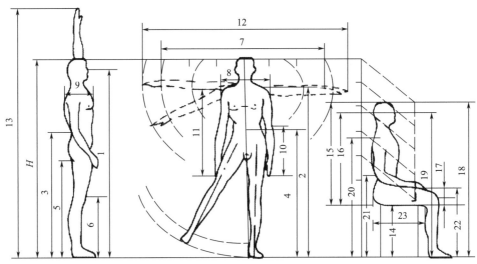

图1-5-23 人体各部位尺寸与身高的比例(编号注释见表1-5-7)

表1-5-7 人体各部位尺寸与身高(H)的比例 单位:mm

名称	编号 (图1-5-23)	性别	
		男	女
眼高	1	0.933H	0.933H
肩高	2	0.844H	0.844H
肘高	3	0.600H	0.600H
脐高	4	0.600H	0.600H
臀高	5	0.467H	0.467H
膝高	6	0.267H	0.267H
两臂功能展开宽	7	0.800H	0.800H
最大肩宽	8	0.222H	0.213H
胸厚	9	0.178H	0.133H~0.177H
前臂-指尖距	10	0.267H	0.267H
上肢长	11	0.467H	0.467H
双臂展开宽	12	1.000H	1.000H
中指指尖点上举高	13	1.278H	1.278H
小腿加足高	14	0.222H	0.222H
坐高	15	0.533H	0.533H

续表

名称	编号 （图1-5-23）	性别	
		男	女
坐姿眼高	16	0.467H	0.467H
坐姿大腿厚	17	0.078H	0.078H
坐姿头顶与地面间距	18	0.733H	0.733H
坐姿眼与地面间距	19	0.700H	0.700H
坐姿肩与地面间距	20	0.567H	0.567H
坐姿肘与地面间距	21	0.356H	0.356H
坐姿膝高	22	0.300H	0.300H
坐深	23	0.267H	0.267H

六、人体各部位的角度活动范围

人体各部位的角度活动范围，如图1-5-24所示，详细数据见表1-5-8。

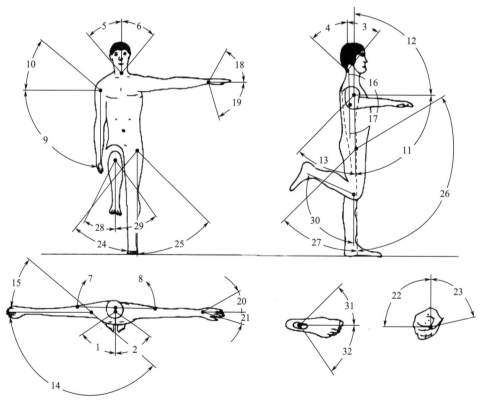

图1-5-24　人体各部位的角度活动范围（编号注释见表1-5-8）

表1-5-8 人体各部位的角度活动范围

身体部位	移动关节	动作方向	活动范围	
			编号（图1-5-24）	角度/（°）
头	脊柱	向右转	1	55
		向左转	2	55
		屈曲	3	40
		极度伸展	4	50
		向一侧弯曲	5	40
		向一侧弯曲	6	40
肩胛骨	脊柱	向右转	7	40
		向左转	8	40
臂	肩关节	外展	9	90
		抬高	10	40
		屈曲	11	90
		向前抬高	12	90
		极度伸展（垂直）	13	45
		内收	14	140
		极度伸展（水平）	15	40
		外展旋转（外旋）	16	90
		外展旋转（内旋）	17	90
手	腕（枢轴关节）	背屈曲	18	65
		掌屈曲	19	75
		内收	20	30
		外展	21	15
		掌心朝上	22	90
		掌心朝下	23	80
腿	髋关节	内收	24	40
		外展	25	45
		屈曲	26	120
		极度伸展	27	45
小腿	膝关节	屈曲时回转（外旋）	28	30
		屈曲时回转（内旋）	29	35
		屈曲	30	135
足	踝关节	内收	31	45
		外展	32	50

1.5.7 人体测量数据的应用

有了完善的人体尺寸数据，还只是达到了第一步，学会正确的使用这些数据才能说真正达到了人体工程学学习的目的。合理的数据选择是要求设计者选择适应使用者的数据，这一点是很重要的，要清楚使用者的年龄、性别、职业等信息，使得所设计的产品、室内环境和设施适合使用者的尺寸特征。

由于人体尺寸个体差异较大，通常不是某一确定的数值，而是分布于一定的范围内，如亚洲人的身高是151～188mm。我们在设计时只能用一个确定的数值，那么如何确定使用哪一个数值呢？针对产品设计而言，所设计的产品一般不可能满足所有使用者的尺寸，为使设计适合于较多的使用者，则需要根据产品的用途及使用情况应用人体尺寸数据。一种情况是设计要达到适合体型矮小的使用者的尺寸，另一种情况是设计要达到适合体型高大的使用者的尺寸。为了使设计满足上述原理，在进行人体测量数据的应用时必须合理进行数据选择，掌握百分位数的应用原则。

人体测量的数据常以百分位数表示人体尺寸等级，百分位数是指具有某一人体尺寸和小于该尺寸的人占统计对象总人数的百分比。把研究对象分成一百份，将尺寸数据按从小到大的顺序排列，对数据进行分段，每一段的节点即为一个百分位，每一个百分位上的数据即这个点的百分位数。最常用的是第5、第50、第95三种百分位数。其中第5百分位数表示"小"的人体数据，指有5%的人的人体数据尺寸小于此值，而有95%的人的人体数据尺寸大于此值；第50百分位数表示"中"的人体数据，指人体数据大于和小于此值的人各为50%；第95百分位数表示"大"的人体数据，指有95%的人的人体数据尺寸小于此值，而有5%的人的人体数据尺寸大于此值。

一、百分位数的应用原则

通常选用百分位数的原则是在不涉及使用者健康和安全的条件下，选用适当偏离极端百分位数的第5百分位数和第95百分位数作为界限值较为适宜，以便简化加工制造过程，降低生产成本。有人可能产生疑问，为什么不用平均值？我们可以举例说明，例如以第50百分位数的身高尺寸来确定门的净高，这样设计的门会使50%的人有碰头的危险，而门的高度设计并不会明显影响门的造价，因此合理的设计应该以第95百分位数的身高尺寸来确定门的净高。所以在进行百分位数的应用选择上有这样一个原则：够得着的距离，容得下的空间。

在进行环境设计中百分位数的应用是：由人体总高度、宽度决定的物体，如门、通道、床等，其尺寸应以第95百分位的数值为依据，能满足大个子的需要，小个子自然没问题；由人体某一部分决定的物体，如臂长、腿长决定的座平面高度和手所能触及的范围等，其尺寸应以第5百分位的数值为依据，小个子够得着，大个子自然没问题。

特殊情况下，如果以第5百分位数或第95百分位数为限值会造成界限以外的人员使用时有损健康或造成危险时，尺寸界限应扩大至第1百分位数和第99百分位数，如紧急出口的直径应以第99百分位数为准，栏杆间距应以第1百分位数为准；目的不在于确定界限，而在于决定最佳范围时，应以第50百分位数为依据，适用于门铃、插座和电灯开关等。

二、针对不同产品尺寸设计类型

当依据不同的产品尺寸设计类型进行设计时，百分位数的应用原则有以下四种情况。

（1）Ⅰ型产品尺寸设计

需要大个子和小个子两个人体尺寸作为产品尺寸设计的依据。为了大个子和小个子均能适用，分别需要一个大百分位数和小百分位数的人体尺寸作设计的依据者，通常采用可调节式的设计方法，例如汽车驾驶室的座椅、自行车座的位置、腰带和手表表带的长短、落地式或台式麦克风口筒的高度等。

（2）ⅡA型产品尺寸设计（又称"大尺寸设计"）

只需要按大个子的人体尺寸作为产品尺寸设计的依据。若产品尺寸只要能适合大个子的需要，就必能适合小个子，因此只需要选择大百分位数的人体尺寸作为设计的依据，例如床的长度和宽度，过街天桥上防护栏杆的高度，热水瓶把手孔圈的大小，屏风（能阻挡视线）的高度等。

（3）ⅡB型产品尺寸设计（又称"小尺寸设计"）

只需要按小个子的人体尺寸作为产品尺寸设计的依据。若产品尺寸只要能适合小个子的需要，就必能适合大个子，因此只需要选择小百分位数的人体尺寸作为设计的依据，例如过街天桥防护栏杆的间距，电扇罩子空隙大小（防手指进入受伤），浴室里上层衣柜的高度，阅览室上层书架的高度，公共汽车上车踏步的高度等。

（4）Ⅲ型产品尺寸设计（又称"平均尺寸设计"）

可参照中等身材，采用第50百分位数的人体尺寸作为设计的依据。产品尺寸与使用者身材的关联较弱，分别适应又会带来成本的增加，就采用第50百分位数的人体尺寸作为设计的依据者，例如一般门上的把手，门上锁孔离地面的高度，大多数文具的尺寸，公共场所休闲椅凳的高度等。

1.6　人与环境的关系

人体工程学的任务之一就是人与环境相互协调，使人-机-环境系统可以达到最佳的理想状态。在当代社会环境下，人们对环境的意识愈加强烈，因为环境是人类

生活和工作的使用区域，健康、舒适的环境是现代化生活的重要标志，追求良好的环境是人体工程学的最终目的。

人类及其他生物的演化是地球环境演化到一定阶段的必然产物。环境和人体之间所进行的物质和能量的交换，以及环境中各种因素对人体的作用，一般保持着平衡状态。这种平衡不是一成不变的，而是经常处于变动之中，是一种动态平衡。自然界是不断变化的，环境的任何改变都会不同程度地影响到人体的生理活动；人体又利用机体内部的调节改造环境，以适应变化着的环境，以维持着这种平衡（图1-6-1）。

图1-6-1　前人栽树，后人乘凉

在人类长期发展的历史过程中，人的生活和生产活动也以各种形式不断地对环境施加影响，使环境的组成与性质发生变化。只要环境条件的改变不超过人体的适应范围，就不造成激烈的改变，人体的健康及生活能力也就不会受到影响。但人体对这种环境变化的适应能力是有限的，如果环境条件的改变导致人体功能结构发生异常反应，超越了人类正常的生理调节范围，就可能引起病变，影响人的寿命。环境条件的变化能否造成环境与人体之间生态平衡的破坏，取决于许多条件：一方面取决于环境因素的特性、变化的强度、持续作用的时间，另一方面还取决于机体状况和接触方式。

1.6.1　环境质量

环境质量是指在一个具体的环境内，环境的总体或环境的某些要素对人体的生存和繁衍以及社会经济发展适宜程度。我国劳动人民早就具有系统的思想，《黄帝内经》里就强调人体各器官的有机联系、生理现象和心理现象的联系、身体健康与环境的联系，这些思想与人体工程学的应激理论极为符合。由于心理刺激而引起生理变化的现象称为应激。

一、人的健康与空间环境

室内空间环境的质量主要取决于室内空间的大小和形状，其共同特点都是要满足人的生理行为或生产行为的要求，这是创建室内环境的主要内容。人的健康与室内空间环境有着密切的联系，如室内环境污染，污染物主要是甲醛、氨、苯等气体。

二、环境质量评价

按照一定评价标准和评价方法对一定区域范围内的环境质量进行说明、评定和预测，是认识和研究环境的一种科学方法，是对环境质量优劣的科学描述。我们通常说的一个室内环境的好与坏，就是评价一个室内环境质量或比较几个室内环境质量的优劣或等次，实质上就是对不同环境状态的品质进行定量描述和比较。评价环境质量的标准是是否适合人类的生存和发展。就某一个具体的室内环境而言，不是所有的评价内容都一样重要，其评价标准也不一样。

环境质量的好坏是由许多因素决定的，既要把它分成各个单独的小分支进行分析，又要把它作为一个整体进行研究。环境质量评价根据评价对象不同，评价目的不同，评价范围不同，所提出的评价精度要求也不一样，即对所能得出的评价结论与实际的环境质量两者之间允许的差异有着不同的要求。因此对环境质量进行评价有很多方法，比如指数法、模式法和模拟法、动态系统分析法、随机分析和概率统计法、矩阵法、网络法、综合分析法等，这些方法对环境质量的评价结果只表示的是环境质量的相对概念，每一种方法也都可以引申出许多具体方法。

1.6.2　人的行为与环境

由于社会经济的飞速发展，人们为了简便快捷，制造出了很多的工具，而有些工具为人类带来方便的同时，也带来了更严重的环境保护问题。要正确处理好人与环境的关系，就要求人类不能仅从自己的利益出发，要承认自然环境也有自己的价值，承认自然环境也可作为道德主体，这样在伦理上，人与自然应该是平等的关系。

环境和人的相互作用会引起人的心理活动，人们为了达到为我所用的目的而对环境和资源所采取的行动，我们称之为环境行为。客观环境具有多样性和复杂性，人生活在这个环境中既要适应环境，又要改造环境。

一、人的行为习性

人和环境的相互作用表现为环境刺激和相应的人体效应。人体的外部感觉器官受到外部环境因素的刺激后会出现相应的反应，而这种反应会以人的外在行为的方式表现出来，以满足生理和心理的需求，我们称这种行为表现为环境行为。人在得到满足后又构成了新的环境，又将重新对人产生新的刺激和作用。满足人的需要是相对的、暂时的，环境行为和需要的共同作用将进一步推动环境的改变，推动建筑活动的发展，这就是人类环境行为的基本模式。人的行为的目的是为了实现一定的目标、满足一定的需求，行为是人自身动机或需要作出的反应。人的行为受主观因素和客观因素影响，主观因素包括心理和生理的共同需求，而客观因素则是对外界环境作出的反应，客观环境对人的行为可能有支持作用，也可能有阻碍作用。

人类在长期的生存和发展中，由于人与环境的相互作用，逐步形成了许多适应环境的本能，这种本能行为称为人的行为习性。习性脱胎于过去，使得过去个体和集体沉积在感知思维和行动中的经验，复苏为鲜活的现实存在，并长时间地生成为未来的生存经验和实践。因此，习性总是与社会文化母体保持着广泛而深层次的联系。习性内化了个人接受教育的社会化过程，浓缩了个体的外部社会地位、生存状况、集体历史、文化传统，同时习性下意识地形成人的社会实践，因此什么样的习性结构就代表着什么样的思想方式、认知结构和行为模式。

二、行为与空间

简单地说，人的行为就是我们每天生活中都要做什么和怎么做，比如起床、洗脸、梳妆用餐等，有的活动大体相同，有些则有偶然性。空间与人的行为常常具有直接的对应关系，例如洗脸对应着盥洗间，摆放洗手盆、盥洗台等，就餐需要对应着厨房、餐厅，摆放厨具和餐具等（图1-6-2和图1-6-3）。

图1-6-2　盥洗间空间感受　　　　　　　　图1-6-3　餐厅空间感受

（1）功能

任何有功能需求的设计都必须考虑使用者的行为需求。功能首先表现在要满足使用需求，任何空间都必须从大小、形式、质量等方面满足一定的用途，使人能够在其中实现行为。房间的尺寸通常指开间和进深，设计时要考虑家具设备的布置和人的活动，同时还要考虑使用恰当的比例，如相同面积的房间因开间、进深尺寸的不同而形成不同的比例，会给人带来不同的感受。一般来说，室内空间比例取1：1.5到1：3是比较舒适的（图1-6-4）。房间内部家具、设备尺寸的确定则依据的是人体尺寸（表1-6-1）。

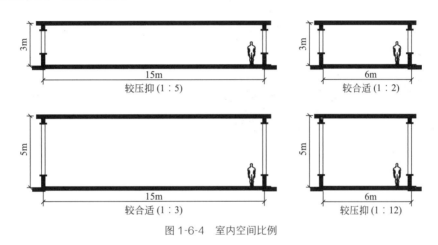

图1-6-4　室内空间比例

表1-6-1　房间内部常用家具、设备尺寸（长×宽×高，单位：mm）

家具类型	单人床	双人床	中餐桌	西餐桌
大	2000×1200×450	2000×2000×450	1400×800×760	1600×800×760
中	2000×1000×420	2000×1800×420	1200×600×750	1400×700×750
小	2000×900×420	2000×1500×420	1000×500×750	1200×600×750

（2）空间质量

保持空气新鲜和阳光充足是人们对房间的基本要求，影响空间质量的设计主要有采光面和朝向。采光面是指用于采光的面积与房间面积的比例，比例越高，采光效果越好。直接采光指采光窗户直接向外开设（图1-6-5）；间接采光指采光窗户朝向封闭式走廊、直接采光厅、厨房等开设，有的厨房、卫生间利用小天井采光，采光效果如同间接采光。一套住宅最好占据住宅楼的两个朝向，如板式住宅的南与北、东与西，塔式住宅的东与西、南与西等。朝向一般是指窗户在整个房间里的位置，如南北向是指南边、北边有窗户，这样的房间通风流畅（图1-6-6），空气流通快。

图 1-6-5 室内采光效果   图 1-6-6 室内通风

（3）尺度

在设计中要考虑行为相关的另一方面就是尺度。尺度是在不同空间范围内，建筑的整体及各构成要素使人产生的感觉，是设计对象的整体或局部给人的大小印象与其真实大小之间的关系问题。它包括建筑整体与整体、整体与部分、部分与部分之间的比例关系，及对行为主体——人产生的心理影响。设计时除了要考虑空间形状与尺寸和人体尺寸的匹配度，在与人联系的过程中还要考虑行为尺度，即设计的结果不仅要满足基本的使用功能，还要使人感到舒适，同时不能因为过于宽松而造成浪费。这里要强调的是尺度一般不是指设计要素的真实尺寸，而是表达一种关系及其给人的感觉。

1.6.3　人-机-环境的关系

人体工程学是为解决人-机-环境系统中人的效能、健康问题提供理论与方法的科学。为了进一步说明，需要对人、机、环境、系统、效能这几个概念做以下解释。

一、人、机、环境三要素

人是指作业者或使用者，人的心理特征、生理特征以及人适应机器和环境的能力都是人体工程学的重要研究内容。机是指机器，但较一般技术术语的意义要广得多，包括人操作和使用的一切产品和工程系统。怎样才能设计出满足人的要求、符合人的特点的产品是人体工程学探讨的重要问题。

二、系统

人体工程学的特点是它不是孤立地研究人、机、环境这三个要素，而是从整体的高度将它们看成是一个相互作用、相互依存的系统（图1-6-7）。"系统"即由相互作用和相互依赖的若干组成部分结合成的具有特定功能的有机整体，而这个"系统"本身又是它所从属的一个更大系统的组成部分。例如人机系统具有人和机两个组成部分，它们通过显示仪、控制器以及人的感知系统和运动系统相互作用，相互依赖，从而完成某一个特定的生产过程。

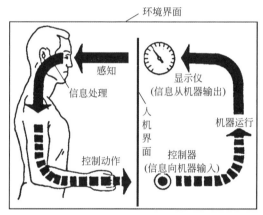

图1-6-7　人-机-环境系统

三、效能

人的效能主要是指人的作业效能，即人按照一定要求完成某种或某项作业时所表现出的效率和成绩。工人的作业效能由工作效率和产量来测量，一个人的效能与工作性质、个人能力、工具和工作方法有关。

本章训练题目

训练目的：对小空间的空间尺寸了解及熟悉。
习题内容：
① 自选一个三居室室内空间，进行空间内测量。
② 测量空间内家具尺寸、界面造型尺寸等。将平、立、棚平面图按比例直接绘图。
③ CAD制图，比例设置根据面积及图纸大小自定。

第2章
人体工程学与产品

从人类最早的陶器产品到手工制作的多类生活用品，从机器生产机器的工业时代到计算机"以机器控制机器"的信息时代，产品设计都是服务于"人"的。产品设计要考虑如何将产品的使用效能充分发挥出来，使人在应用产品时达到高效、舒适、安全的目的，最终将产品与人的关系形态化。这种产品与"人"之间相互依赖、相互制约的关系就体现在产品的具体形态中。要解决好这种人与产品的关系，人体工程学在各类产品设计中的应用是必不可少的。

产品设计是一个多学科、多领域范围的创造性活动，它需要多种适用的科学技术手段和创造性的思维来完成，其成果最终要为人们所使用。

2.1 家具设计

家具是人类维持日常生活，从事生产实践和开展社会活动必不可少的物质器具。家具的历史可以说同人类的历史一样悠久，它随着社会的进步而不断发展，反映了不同时代人类的生活和生产力水平，融科学、技术、材料、文化和艺术于一体。家具除了是一种具有实用功能的物品外，更是一种具有丰富文化形态的艺术品。所以，家具的发展进程，不仅反映了人类在物质文明上的发展，也显示了人类精神文明上的进步。

家具不仅要在基本功能上满足人类的要求，同时还应有利于人的生理和心理健康。从某种意义上来讲，设计家具就是设计生活，这里面包含着两层含义，一是生活用途，二是舒适性，要实现这一目标就需要对人类行为与家具的使用特性作科学的分析。二战后现代人体工程学逐步导入家具设计，人们越来越重视以人为本的功能设计。现代家具设计正是建立在对人体的构造、尺寸、体感、动作、心理等人体机能特征的充分理解和研究的基础上来进行的系统化设计。人体工程学的理论是我们进行家具功能设计的科学依据。

2.1.1　家具的分类

根据家具与人和物之间的关系，可以将家具划分成三类。

① 与人体直接接触，起着支撑人体活动的坐卧类家具，如椅、凳、沙发、床榻等。

② 与人体活动有着密切关系，起着辅助人体活动、承托物体的凭倚家具，如桌台、几、案、柜台等。

③ 与人体产生间接关系，起着贮存物品作用的贮存类家具，如橱、柜、架、箱等。

这三大类家具基本上囊括了人们生活及从事各项活动所需的家具。

家具设计是一种创作活动，它必须依据人体尺寸及使用要求，将技术与艺术诸要素加以完美综合。家具的服务对象是人，我们设计的每一件家具都是由人使用的，因此家具设计的首要因素是符合人的生理机能和满足人的心理需求。其次，家居设计又是一种艺术设计活动，反映人们对美好生活的追求。

2.1.2　作息的原理及家具设计准则

人的工作与生活离不开运动，运动会产生疲劳，产生疲劳后需要不同程度和方式的休息来解除；家具既可以影响整体环境效果，其自身还具有感受特性，在一定程度上可以从心理层面影响人的休息，因此家具还需要进行感性设计。

由此，根据作息原理，我们可以总结出良好的作息条件，作为家具功能设计的准则。

① 休息时应使静疲劳强度降至最低，让各部分肌肉充分放松；同时使支撑人体的压力得以均匀分布，以减少单位面积的受力密度。

② 在一定条件下人的内脏器官也会直接或间接地受到压迫。因此，在一定位置上，人体的姿势也很重要，良好的坐姿、睡姿与活动姿势有利于减轻内脏器官的负

担，家居设计应努力让人保持正确的姿势。

③ 工作时为了提高工作效率与质量，减轻疲劳程度，应使人与家具处于合理的相对位置。

④ 人体长时间保持同样的姿势会使局部区域在压力下呈现紧张状态，因此要使我们得到充分自由地放松，家具的设计应能便于身体移动、适应姿势的交替交换。因而不能单纯从人体曲线角度来考虑设计方案，而是应当综合分析，以免步入机械和教条的误区。

⑤ 怡人的环境能缓解心理压力，消除人的紧张情绪，有利于人类的身心健康。

2.1.3　人体工程学与坐卧类家具设计

按照人们日常生活的行为，人体动作姿态可以归纳为从立姿、坐姿、卧姿等不同姿态，其中坐与卧是人们日常生活中占有最多的动作姿态，如工作、学习、用餐、休息等都是在坐卧状态下进行的，因此坐卧类家具与人体生理机能关系的研究就显得特别重要。

坐卧类家具的基本功能是满足人们坐得舒服、睡得安宁、减少疲劳和提高工作效率。这四个基本功能要求中，最关键的是减少疲劳，如果在家具设计中，通过对人体的尺寸、骨骼和肌肉关系的研究，使设计的家具在支撑人体动作的同时，将人体的疲劳度降到最低状态，也就能得到最舒服最安宁的感觉，同时也可保持最高的工作效率。

一、人体坐姿与椅类家具设计

人体骨骼共有206块，分为中轴骨和四肢骨两大部分，如图2-1-1所示。其中支撑头颅与全身的骨结构为脊柱、骨盆与下肢。脊柱分4个区段（图2-1-2）：第一段是由7节椎骨组成的颈椎，第二段是由12节椎骨组成的胸椎，第三段是由5节椎骨组成的腰椎，以上共24节椎骨；脊柱的下端是骶尾骨，即由5块骶椎融合成一体的骶骨和由3～5块尾椎融合成一体的尾骨组成。图2-1-2（a）所示的脊柱侧视弯曲形态是人直立时的形态。这种脊柱弯曲形态下骨间的压力（即椎间盘承受的压力）是比较均匀也比较小的正常状态。图2-1-2所示脊柱正常生理弯曲状态的特征是：颈椎为略向前凸的弧形，胸椎和骶尾骨为各向后凸的弧形，尤其值得注意的特征是腰椎段为向前凸出的弧形，且曲度较大。

坐着工作可减轻劳动强度，提高工作效率，但会引起脊柱形态的改变。与直立站姿相比：坐姿有利于身体下部的血液循环，可减少下肢的肌肉疲劳，有利于保持身体稳定。站姿和坐姿时脊柱形状如图2-1-3所示。图2-1-3（a）示意站立时的脊柱

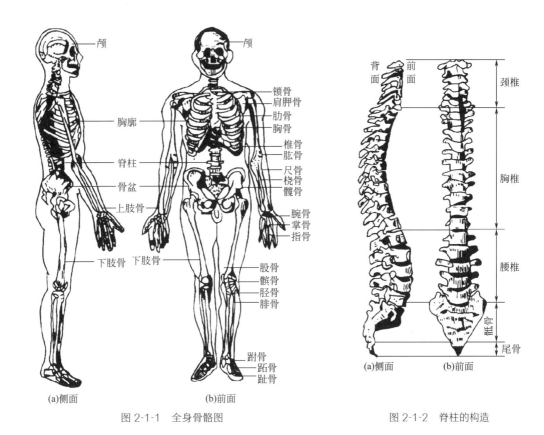

图 2-1-1 全身骨骼图

图 2-1-2 脊柱的构造

生理曲线，腰椎向前凸，且曲度较大；图 2-1-3（b）示意坐下后脊柱曲线形态的变化及引起变化的原因。站立时大腿与脊柱一致地顺着铅垂轴的方向，于是嵌插在左右髋骨腔孔里的骶尾骨也发生了相应的转动，从而带动整个脊柱各个区段的曲度都发生一定的变化，而其中以腰椎段的曲度变化较大，由向前凸趋于变直（从腰椎的局部区段看），甚至略略向后凸的形态。

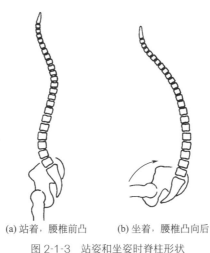

(a) 站着，腰椎前凸　　　(b) 坐着，腰椎凸向后

图 2-1-3 站姿和坐姿时脊柱形状

椅类家具起支撑人体的作用，在长期的历史发展中，它的"坐"的功能在本质上没什么改变，对于不同时期和场合，无论是用餐、读书、休息还是办公，椅子都是用于支撑人们的各种坐姿，容纳人的身体。它的外形尺寸的确定主要是以人体的尺寸为依据。一般椅类家具在功能尺寸的设计上应考虑以下几个因素：椅子的座高、座宽、座深、座倾角与背倾角、椅曲线以及扶手高度和座椅垫性等。这些因素与人体的基本尺寸都有着密切的关系。

对于坐具的设计要根据不同的需要作出相应的调整：如短时间使用时，更多的是要考虑椅类的造型和座板软硬舒适程度；如长时间使用时，除了要考虑座板的软硬舒适程度外，关键是椅类的靠背形状和角度，这样可以使人保持旺盛的工作精力。

（1）座高

座高是指座面与地面的垂直距离；如果座面后倾或呈弧形，椅子座高则指座前沿中至地面的垂直距离。

座高是影响坐姿舒服程度的重要因素之一，座面高度不合理会导致不正确的坐姿，并且坐的时间稍长，就会使人体腰部产生疲劳感。通过对人体坐在不同高度的凳子上其腰椎活动度的测定得出：凳高为400mm时，腰椎的活动度最高，即疲劳感最强。

对于有靠背的座椅，其座高既不适宜过高，也不适宜过低，它与人体在座面上的体压分布有关。不同高度的椅面，其体压分布情况有显著差异，坐感也不尽相同，它是影响坐姿舒服与否的重要因素。因此，适宜的座高应当小于或等于小腿膝窝高加25～35mm鞋跟高，再减10～20mm为宜，即：座高=小腿窝高+鞋跟厚-适当间隙。国家标准规定椅座高为400～440mm（休闲椅），如沙发等坐具的座高可以低一些，使腿向前伸，背靠后倾，以有利于脊椎处于自然状态，保持身体稳定。

（2）座宽

根据人的坐姿及动作，椅子的座面往往设计成前宽后窄，前沿宽度称座前宽，后沿宽度称座后宽。

椅座的宽度应当能使臀部得到全部支撑，并且有适当的活动余地，过宽和过窄都不便于人随时调整坐姿。肩并肩的联排椅，宽度应当能保证人的自由活动，因此，应比人的两肘间宽稍大一些；一般靠背椅座宽不小于400mm就可以满足使用功能的需要；对于扶手椅而言，扶手内宽即座宽，它由人体平均肩宽加上适当余量而定，即：扶手前沿内宽=人体肩宽+冬衣厚度+活动余量，一般不小于480mm，其上限尺寸应兼顾功能和造型需要。座宽也不适宜过宽，以自然垂臂的舒适姿态肩宽为准。对于沙发等休息用椅，扶手内宽一般要大于其他用椅。

（3）座深

座深是指座面前沿到后沿的距离。座深对人体舒适感的影响很大，如座面过深，则会使腰部的支撑点悬空，靠背将失去作用，同时膝窝处还会受到压迫而产生疲劳。因此，座面深度要适度，通常座深小于人坐姿时大腿水平长度，使座面前沿离开小腿有一定的距离，以保证小腿活动自由。我国人体的平均坐姿大腿水平长度为男性445mm，女性425mm，所以座深可以依此数值减去前缘到膝窝之间应保持的大约60mm空隙来确定，即：座深=坐姿大腿水平长-60mm（空隙）。对于沙发和其他休息用椅，由于靠背倾斜度较大，故座深可以大一些。

（4）座倾角与背倾角

座面的倾角以及座面与靠背之间的夹角（背倾角）是设计椅子的关键，如图2-1-4所示。在椅子的使用过程中，座倾角与背倾角的增加能增强人体的舒适感，一般来说夹角越大，人体所获得的休息程度越高。一般工作用椅座倾角与背倾角较小，但为提高效率，人工作时的重心一般会向前，因而水平座面要比后倾斜座面更舒适，甚至还有倾角向前的设计。

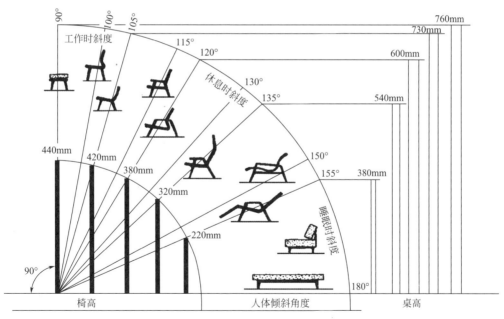

图2-1-4 不同用途坐具的人体倾斜角度

一般情况下背倾角越大，休息性越强，但不是没有限度的，尤其是对于老年人使用的椅子，夹角不能太大，否则会使老年人在起座时感到吃力。

通常认为扶手椅座倾角（α）为1°～4°，背倾角（β）为95°～100°；沙发

$α$=5°～7°，$β$=106°～112°；躺椅 $α$=6°～15°，$β$=112°～120°。

（5）扶手高度

休息椅和部分工作用椅还需设扶手，其作用是减轻两臂的疲劳，有助于上肢肌肉的休息。扶手的高度应与人体坐骨结节点到自然下垂的肘端下端的垂直距离相近。

根据人体测量统计值，扶手上表面至座面的垂直距离为200～250mm为宜。两臂自然屈伸的扶手间距净宽应略大于肩宽，一般应不小于480mm，以520～560mm为适宜，过宽或过窄都会增加肌肉的活动度，产生肩酸疲劳的现象。同时扶手前端还应稍高一些，随座倾角与背倾角的变化，扶手倾斜度一般为10°～20°左右，而扶手在水平面左右偏角则在10°范围内为宜。

（6）座椅垫性

座椅垫性座椅上是起支撑作用的与人体接触的垫层的特性。一般简易沙发的座面下沉量以70mm为宜，中大型沙发座面下沉量可达80～120mm；背部下沉量为30～45mm，腰部下沉量以35mm为宜。

二、人体卧姿与床类设计

床是供人睡眠休息的主要卧具，也是与人体接触时间最长的家具。床的基本要求是使人躺在床上能舒适地尽快入睡，并且要睡好，以达到消除一天疲劳、恢复体力和补充工作精力的目的。因此床的设计必须考虑到床与人体生理机能的关系。

从人体骨骼肌肉结构来看，人在仰卧时，不同于人体直立时的骨骼肌肉结构。人直立时，背部和臀部凸出于腰椎有40～60mm，呈S形；而仰卧时，这部分差距减少至20～30mm，腰椎接近于伸直状态。人体起立时各部分重量在重力方向相互叠加，垂直向下；但当人躺下时，人体各部分重量相互平等垂直向下，并且由于各体块的重量不同，其各部位的下沉量也不同。因此床设计的好坏以能否消除人的疲劳为关键，即床的合理尺寸及床的软硬度能否适应、支撑人体卧姿，使人体处于最佳的休息状态。

（1）床宽

在床的设计中，到底多宽的尺寸合适，并不像其他家具那样以人的外廓尺寸为准。一般来说，床宽＝（2.5～3）×肩宽（成年男子平均为430mm，成年女子平均410mm，一般以成年男子为准）。

（2）床长

在长度上，考虑到人在躺下时的肢体的伸展，所以实际比站立的尺寸要长一些，再加上头顶和脚下要留出部分的空余空间，所以床的长度要比人体的最大高度要多一些，如图2-1-5所示。按国家标准GB/T 3328—2016规定，一般床的长度不小于1900mm。

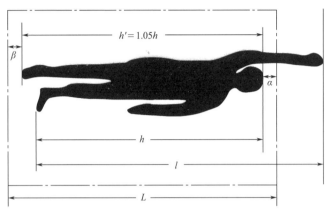

图 2-1-5　床的长度

床长L=1.05h+α+β；　l=1.1h；　h—身高；　α—头前余量，一般>100mm；　β—脚下余量，一般>50mm

（3）床高

床高即床面距地高度，一般与椅的座高取得一致，使床同时具有坐的功能。另外还要考虑到人的穿衣、穿鞋等动作，一般床高在400～500mm之间。双层床的层间净高必须保证下铺使用者在就寝和起床时有足够的动作空间，但又不能过高，过高会造成上下不便及上层空间不足。按国家标准GB/T 3328—2016规定，双层床的底床铺面离地面高度不大于450mm，层间净高不小于980mm。

2.1.4　人体工程学与凭倚类家具设计

凭倚类家具是人们工作和生活所必需的桌、台等辅助性家具：坐立为桌，如就餐用的餐桌、看书写字用的写字桌、学生上课用的课桌、制图桌等；站立为台，如人站立活动而设置的售货柜台、账台、橱柜台和各种操作台等。这类家具的基本功能是为在坐、立状态下进行各种活动时提供相应的辅助条件，并兼作放置或贮存物品之用，因此这类家具与人体动作产生直接的尺寸关系（人体动态尺寸）。

一、桌的具体功能尺寸设定

对于书桌、办公桌、绘图桌、课桌等家具，应有利于提高工作与学习效率，不易产生疲劳，不损害人体健康。

（1）桌的高度

桌子的高度尺寸是最基本的尺寸之一，是保证桌子使用舒适的首要条件。尺寸过高或过低，都会使背部、肩部肌肉紧张而产生疲劳，对于正在成长发育的青少年来说，不合适的桌面高度还会影响他们的身体健康，如造成脊柱不正常的弯曲和眼睛近视等。因此，桌子的正确尺寸应该是与椅、凳的座高保持一定的比例关系。桌子的高度通常是根据座高来确定的，即是由椅、凳的座面高度，加上桌面与座面之间的高度差，即：桌面高度=椅凳的座面高度+桌椅面配合高差（约1/3座高）。

根据国家标准GB/T 3326—2016规定，桌椅面配合高差为250～320mm，桌面高度为680～760mm。我们在实际应用时，可根据不同的使用特点酌情增减。如设计中餐用桌时，考虑到中式进餐的方式，餐桌可略高一点；若设计西餐桌，同样考虑西式进餐方式，使用刀叉的方便，应将餐桌高度略降低一些。根据不同人群的使用情况，椅座面与桌面的配合高差也可适当变化，如在办公桌面上书写时，配合高差=1/3坐姿上身高−20～30mm，学校中的课桌与椅面的高差=1/3坐姿上身高−10mm。

（2）桌面尺寸

桌面的尺寸也会直接影响人的工作效率。一般来讲，桌子尺寸是以人的坐姿状态上肢的水平活动范围为依据，并根据功能要求和所放物品多少来确定，如图2-1-6所示。尤其对于办公桌，太大的桌面尺寸，超过了手所能达到的范围，造成使用不便；太小则不能保证足够的面积放置物品，不能保证有效的工作秩序，从而影响工作效率。较为适宜的长度尺寸为1200～2000mm，宽600～800mm。餐桌宽度可达700～1000mm。

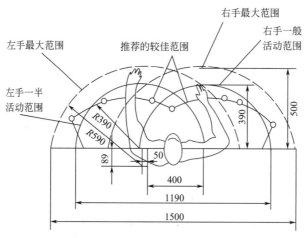

图 2-1-6 水平面内手臂活动及操作的范围（单位：mm）

对于两人面对面使用或并排使用的桌子，则应考虑两人的活动范围，需将桌面适当加宽。对于办公桌，为避免干扰，还可在两人之间设置半高的挡板，以遮挡视线。多人并排使用的桌子，应考虑每个人的动作幅度，而将桌面适当加长。

对于课桌、阅览桌，桌面可设置为12°～15°的斜角，让人能用正确而舒适的姿势阅读书刊。

一般餐桌的桌面尺寸，则应根据中、西餐的不同而有差异。一般中餐多采用圆桌，直径为800～1800mm。西餐桌桌面多为矩形或正方形，矩形桌面的长度尺寸为1300～1800mm，宽度尺寸为650～900mm；正方形桌面的尺寸约700～800mm。

（3）桌下的净空尺寸

人在使用桌子时，双脚应能伸进桌面下的空间并能自由活动（如腿的伸直、交叉等），以便变换姿势减轻疲劳。因此桌面下需有足够大的空间，否则会影响人双腿活动，一般净空尺寸应大于580mm。桌子下若有抽屉，则抽屉底面不能太低，应保证椅面距抽屉底面至少有200mm的高度差。

（4）桌面颜色

人在使用桌子时，尤其是写字台、办公桌，眼睛往往是长时间注视桌面上的书籍纸张，桌面颜色会对眼睛产生很大影响，甚至会影响到工作效率。如果桌面色彩过于鲜艳，亮度过大，使视觉中枢受到强烈的刺激而产生较强的兴奋感，易引起视力不能集中，且易疲劳。因此，桌面设计多饰以冷色调或三次色调（黄灰、蓝灰、红灰），并采用亚光涂饰。

二、台的具体功能尺寸设定

台主要包括售货柜台、营业柜台、讲台、服务台及各种立式用桌。按我国人体的平均身高，站立用台桌高度以910～965mm为宜。若需要用力工作的操作台，其桌面可以稍降低20～50mm，甚至更低一些。

立式用桌的桌台下部不需留出容膝空间，因此桌台的下部通常可设计成储藏柜，但立式桌台的底部需要设置容足空间，以利于人体靠紧台桌的动作之需。这个容足空间是内凹的，高度为80mm，深度在50～100mm。

2.1.5　人体工程学与贮存类家具设计

贮存类家具是用来储藏、整理日常生活中各种物品的家具。贮存类家具的功能在设计时必须考虑人与物两方面的关系：一方面要求贮存空间划分合理，方便人们存取，有利于减少人体疲劳；另一方面又要求家具贮存方式合理，贮存数量充分，满足存放条件等。

一、贮存类家具与人体尺寸的关系

为了正确确定柜、架、搁板的高度及合理分配空间，必须了解人体所能及的动作范围，和其联系紧密的是人的立姿，如图2-1-7所示。

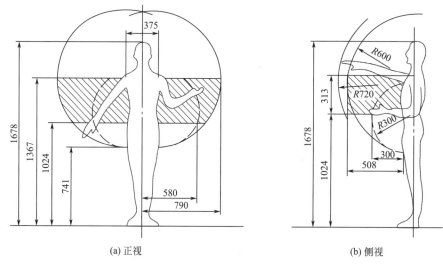

(a) 正视　　　　　　　　　　　　(b) 侧视

图 2-1-7　立姿手臂活动及手操作的适宜范围（单位：cm）

　　我国的国家标准规定，柜高限度在1850mm，在1850mm以下的范围内，根据人体动作行为和使用的舒适性及方便性，可划分为两个区域：第一区域为以人肩为轴，上肢活动的范围，高度定在650～1850mm，是存取物品最方便、使用频率最多的区域，也是人的视线最易看到的区域；第二区域为从人站立时手臂下垂指尖至地面的垂直距离，即650mm以下的区域，该区域存贮不便，人必须蹲下操作，一般存放较重而不常用的物品。若需扩大贮存空间，节约占地面积，则可设置第三区域，即橱柜的上空1850mm以上的区域，一般可叠放柜架，存放较轻的过季性物品，如棉被等。

　　图2-1-8是抽屉高度的上限和下限，考虑取物时的手臂动作和视线，抽屉上沿的上限和下限高度分别约为1360mm和300mm。

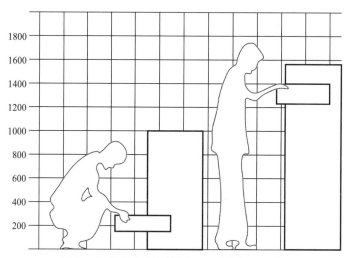

图 2-1-8　抽屉高度的上限和下限（单位：mm）

在上述贮存区域内根据人体动作范围及贮存物品的种类可以设置搁板、抽屉、挂衣棍等。在设置搁板时，搁板的深度和间距除考虑物品存放方式及物体的尺寸外，还需考虑人的视线，搁板间距越大，人的视域越好，但空间浪费较多，所以设计时要统筹安排。

至于橱、柜、架等贮存性家具的深度和宽度，是由存放物的种类、数量、存放方式以及室内空间的布局等因素来确定，在一定程度上还取决于板材尺寸的合理裁割及家具设计系列的模数化。如一般柜体的宽度为800mm，深度为450～530mm（衣柜），300～400mm（书柜）。

二、贮存性家具与贮存物的关系

贮存性家具在设计时，除了要考虑与人体尺寸的关系外，还必须研究存放物品的类别与方式，这对确定贮存类家具的尺寸和形式起重要作用。如衣柜多采用实木打造，美观大方，防虫防蛀；卫生间里的储物架、储物柜多采用塑料、不锈钢材质，防水防潮，不易发霉；厨房多采用定制橱柜，便于合理利用空间。

一个家庭中的生活用品是极其丰富多彩的，从衣服鞋帽到床上用品，从主副食品到烹饪器具，从书报期刊到文化娱乐用品，以及其他日杂用品，这么多的生活用品，尺寸不一，形体各异，要力求做到有条不紊，分门别类地存放，促成生活安排的条理化，从而达到优化室内环境的作用。

2.1.6 常用家具基本尺寸

表2-1-1～表2-1-4列出了各类常用家具的基本尺寸。

表2-1-1 椅凳类家具尺寸设定

类别	限定内容	尺寸范围
通用	座高	400～440mm（软面最大座高460mm，包括下沉量）
扶手椅	扶手内宽	≥480mm
	座深	400～480mm
	扶手高	200～250mm
	背长	≥350mm
	座倾角	1°～4°
	背倾角	95°～100°
靠背椅	座前宽	≥400mm
	座深	340～460mm

续表

类别	限定内容	尺寸范围
靠背椅	背长（装饰用靠背不受此限制）	≥350mm
	座倾角	1°～4°
	背倾角	95°～100°
折叠椅	座前宽	340～420mm
	座深	340～440mm
	背长	≥350mm
	座倾角	3°～5°
	背倾角	100°～110°
长方凳	凳面宽	≥320mm
	凳面深	≥240mm
方凳、圆凳	凳面宽或凳面直径	≥300mm

表2-1-2 床类家具尺寸设定 单位：mm

类别	限定内容	尺寸范围
单层床	床铺面长	1900～2200
	床铺面宽	700～1200（单人床）
		1350～2000（双人床）
	床铺面高	≤450（不放置床垫、褥）
双层床	床铺面长	1900～2200
	床铺面宽	800～1520
	底床面高	≤450（不放置床垫、褥）
	层间净高	≥1150（不放置床垫、褥）
		≥980（放置床垫、褥）
	安全栏板缺口长度	≤600
	安全栏板高度	≥200（床垫、褥上表面到安全栏板顶边距离）
		≥300（床铺板上表面到安全栏板顶边距离）

表2-1-3 桌类家具尺寸设定 单位：mm

类别	限定内容	尺寸范围
通用	桌面高	680～760
	桌面与椅凳座面配合高差	250～320
	中间净空高（桌面底面到地面的高度）	≥580
	中间净空高与椅凳座面配合高差	≥200

续表

类别	限定内容	尺寸范围
双柜桌	桌面宽	1200～2400
	桌面深	600～1200
	中间净空宽	≥520
	侧柜抽屉内宽	≥230
单柜桌	桌面宽	900～1500
	桌面深	500～750
	中间净空宽	≥520
	侧柜抽屉内宽	≥230
梳妆桌（台）	桌面高	≤740
	中间净空宽	≥500
	镜子下沿离地面高	≤1000
	镜子上沿离地面高	≥1400
长方桌	桌面宽	≥600
	桌面深	≥400
方桌、圆桌	桌面宽或桌面直径	≥600

表2-1-4 柜类家具尺寸设定　　　　　　　　单位：mm

类别	限定内容	尺寸范围
衣柜	宽	≥530
	柜内深	≥530（悬挂衣服）
		≥450（折叠衣服）
	挂衣棍上沿至顶板表面的距离	≥40
	挂衣棍上沿至底板表面的距离	≥1400（适于挂长衣服）
		≥900（适于挂短衣服）
	顶层抽屉上沿离地面高	≤1250
	底层抽屉下沿离地面高	≥50
书柜	柜体外形宽	600～900
	柜体外形深	300～400
	柜体外形高	1200～2200
	层间净高	≥250
文件柜	柜体外形宽	450～1050
	柜体外形深	400～450
	柜体外形高	370～400
		700～1200
		1800～2200
	层间净高	≥330

2.2　手握式工具设计

工具是人类四肢的扩展，人们在工作、生活中一刻也缺少不了工具。目前使用的工具大部分还没有达到最优形态，其形状与尺寸等因素也并不符合人体工程学原则，很难使人有效并安全地操作。工具的适当设计、选择、评价和使用是一项重要的人体工程学内容。

现代工具设计给予人们多样化的可能性，设计得体的工具可以很好地辅助人类完成工作，同时也减轻重复或持久操作的疲劳，避免身体损伤和职业疾病，保持身体健康。

2.2.1　手与工具使用有关的疾患

① 腱鞘炎：手腕尺偏、掌曲和腕外转，使腕部肌腱弯曲导致腱鞘处发炎。
② 腕道综合征（腕隧道症候群）：由于腕道内正中神经损伤所引起的不适。
③ 网球肘（肱骨外踝炎、主妇肘）：一种肘部组织炎症，由手腕的过度桡偏引起。
④ 狭窄性腱鞘炎（俗称扳机指）：由手指反复弯曲动作引起。

2.2.2　手握式工具设计原则

① 必须有效地实现预定功能。例如斧子必须将最大动能投入砍切行动，并能利索地避开物体和灵活抽出。
② 必须与使用者身体成适当比例，使人力操作效率最大。
③ 必须按照使用者的力度和工作能力设计，因此要适当考虑使用者的特点和身体素质。
④ 不应引起过度疲劳，不应误导不正确的操作姿势。尤其考虑长时间或多重复性的操作疲劳，尽可能通过试验来证明。
⑤ 必须以某种形式暗示使用者使用姿势，并向使用者提供一些感官反馈，如压感、振动、触觉、温度、色觉等。

2.2.3　解剖学因素

一、避免静肌负荷

当使用工具时，如果臂部必须上举或长时间抓握，会使肩、臂及手部肌肉承受静负荷，导致疲劳，降低作业效率。如果在水平作业面上使用直杆式工具，则必须肩部外展，臂部抬高，导致疲劳，因此应对这种工具设计作出修改，在工具的工作部位与把手部分做成弯曲式过渡，可以使手臂自然下垂，如图2-2-1所示。

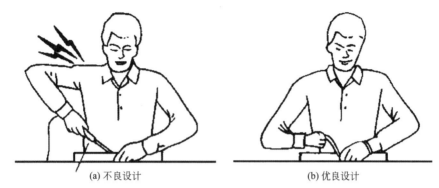

(a) 不良设计   (b) 优良设计

图 2-2-1 手握工具设计对作业姿势的影响

二、保持手腕处于顺直状态

手腕顺直操作，腕关节处于正中的放松状态，但当手腕处于掌曲、背屈、尺偏等别扭动作状态时，就会产生腕部酸痛、握力减小，如长时间这样操作，会引起腕道综合征、腱鞘炎等症状，如图2-2-2和图2-2-3所示。

(a) 传统设计   (b) 改良设计

图 2-2-2 钢丝钳：传统设计与改良设计

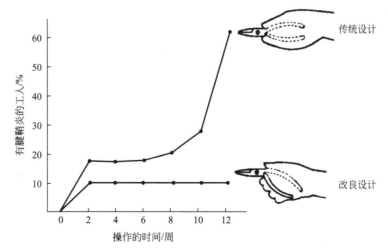

图 2-2-3 两种钢丝钳使用者中腱鞘炎患者比例

三、避免掌部组织受压力

操作手握式工具，有时常要用手施较大的力。如果工具设计不当，会在掌部和手指处造成很大压力，妨碍血液在尺动脉的循环，引起局部缺血，导致麻木、刺痛感等，如图2-2-4所示。

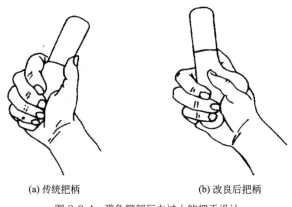

(a) 传统把柄   (b) 改良后把柄

图 2-2-4　避免掌部压力过大的把手设计

四、避免手指重复动作

如果反复用食指操作扳机式控制器时，就会导致扳机指。扳机指症状在使用气动工具或触发器式电动工具时常会出现，如图2-2-5所示。

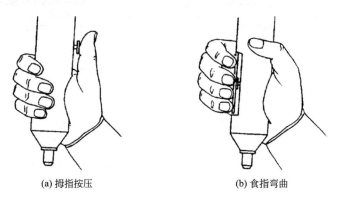

(a) 拇指按压   (b) 食指弯曲

图 2-2-5　拇指按压操作优于食指弯曲操作

2.2.4　把手设计

人手握持分为抓握和精密握持。抓握因作用力方向不同可分为三类：力线平行于前臂（如锯切）；力线与前臂呈一定角度（如锤打）；绕前臂施加扭矩（如螺旋起子）。精密握持则分为内侧精密握持工具和外侧精密握持工具。

一、直径

把手直径大小取决于工具的用途与手的尺寸。比较合适当的直径是：着力抓握30 ～ 40mm，精密抓握8 ～ 16mm。

二、长度

把手长度主要取决于手掌宽度。掌宽一般在71 ～ 97mm之间（5％女性至95％男性数据），因此把手适当的长度为100 ～ 125mm。

三、形状

即把手的截面形状。对于着力抓握，把手与手掌的接触面积越大，则压应力越小，因此圆形截面把手较好。哪种形状最合适，一般应根据作业性质考虑。

四、弯角

把手弯曲的最佳角度为10°。

五、双把手工具

双把手工具的主要设计因素是抓握空间。当抓握空间宽度为45 ～ 80mm时，握力最大。其中若两把手平行时为45 ～ 50mm，而当把手向内弯时，为75 ～ 80mm，如图2-2-6所示。

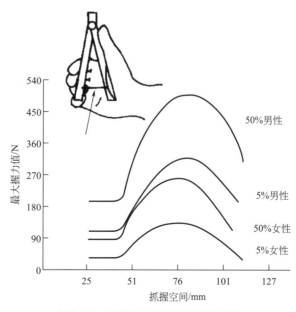

图 2-2-6　双把手工具的抓握空间与握力

六、用手习惯与性别差异

双手交替使用工具可以减轻局部肌肉疲劳，但是这常常不能做到，因为人们使用工具时，用手都有习惯手。人群中，大约90%的人习惯用右手，其余10%的人惯用左手，因此绝大多数工具设计时只考虑右手操作，如图2-2-7所示。一般手握式工具设计指南见表2-2-1。

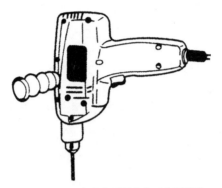

图 2-2-7　只考虑右手操作的手电钻设计

表2-2-1　一般手握式工具设计指南

设计内容	设计指南
重量及配重	重心尽可能接近手掌中心，重量应小于2～3kg
握柄直径	应在20～80mm之间，用大力时最佳握把直径为50mm
握柄长度	应为100～125mm，握柄的尾端不能压迫到手掌
握柄握距	最佳握距在50～60mm，不宜超过130mm
握柄形状	应使手掌与握把间的接触面积最大
握柄断面形状	在推力和拉力兼有的作业下，采用宽高比为1∶1.25的矩形握柄
握柄沟槽	手指沟槽可提供较好的摩擦力，避免滑手，深度不宜超过3.2mm
握柄角度	握柄角度在19°左右可以减少手腕尺偏

2.3　人机界面设计

2.3.1　人机界面的定义

界面是产品或系统与用户之间的桥梁。它是用户使用产品达到所需目的的手段，也是产品向用户展现产品自身功能和体现满足用户相关需求的途径。界面是两种或多种信息源面对面交汇之处，是传递和交换信息的媒介和平台。人机界面分为广义的人机界面和狭义的人机界面。

狭义的人机界面是计算机系统中的人机界面，又称用户界面。

广义的人机界面主要是研究人与机关系的合理性（图2-3-1）。

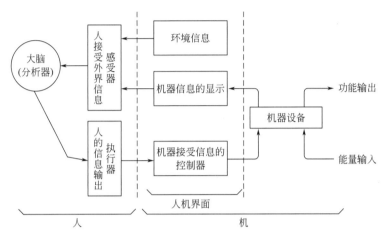

图 2-3-1　广义人机界面信息交换系统模型

不论狭义的人机界面设计还是广义的人机界面设计，设计者都应该将"以人为本"的理念贯穿到设计过程中，只有这样的人机界面设计才越来越受到用户的欢迎。人机界面设计的过程中要以人的尺度（应有作为自然人的尺度，还应有作为社会人的尺度）为出发点，从人的文化、审美观、价值观等多方面考虑，最终设计成从生理、心理、环境上均能被接受的界面。

"人机界面"是人机之间相互施加影响的区域，凡参与人机信息交流的一切领域都属于人机界面，反映着人与机之间的关系。人通过人机界面感知机器传递的信息，人又通过人机界面操作机器。人接收信息的通道有眼、耳、运动感觉器，有约80%的信息是通过眼进行接收，其次是耳，因此，显示设计要将信息进行合理分配。三种常见显示方式传递的信息特征见表2-3-1。

表2-3-1　三种常见显示方式传递的信息特征

界面显示方式	传递信息特征
视觉	① 比较复杂抽象的信息或者含有科学技术术语的信息、文字、图表、公式等 ② 传递信息很长或需要延迟 ③ 需要方位、距离等空间状态说明 ④ 以后有被引用的可能的信息 ⑤ 所处环境不适合听觉传递的显示 ⑥ 适合听觉传递，但听觉传递负荷过重的场合 ⑦ 不需要急迫传递的信息 ⑧ 传递的信息常需要同时显示、监控

续表

界面显示方式	传递信息特征
听觉	① 较短或者无法延迟的信息 ② 简单且要求快速传递的信息 ③ 视觉通道负荷过重的场合 ④ 所处环境不适合视觉通道传递的信息
触觉	① 视听觉通道负荷过重的场合 ② 使用视听觉通道传递信息有困难的场合 ③ 作为视听觉通道的补充，以减少操作控制器时的误差

2.3.2 视觉显示器的设计

一、视觉显示器的分类

① 按显示信息的时间特性分类：动态显示器（温度计、速度表、高度表、电视和雷达等）、静态显示器（广告牌、交通标志和各种形式的印刷符号等）。

② 按显示信息的精度要求分类：定量显示器（速度盘、标尺）、定性显示器（红绿灯）。

③ 按显示器的结构特点分类：机电仪表显示器、电光显示器、灯光显示器。

④ 按显示器的功能分类：读数显示器、核查显示器、告警显示器、追踪显示器、调节显示器。

二、设计视觉显示器时应该考虑的问题

① 根据使用要求，选用最适宜的视觉刺激维度作为传递信息的代码，并将视觉代码的数目限定在人的绝对判定能力允许的范围内。

② 显示精度与人的视觉辨认特性相协调。

③ 尽量采用形象、直观、与人的认知特点相匹配的显示设置。

④ 考虑信息传递的视觉环境的性质。

⑤ 对同时呈现的相关信息，尽可能实现综合显示，提高显示效率。

⑥ 在配色的选用上应注意色彩的对比、明暗度、发光度、颜色数量等，如低饱和度、低亮度颜色适宜用于背景，高明度、高纯度颜色适用于局部，引导注意力。

⑦ 所选择的显示器类型的细节设计。

⑧ 电子类视觉显示器还需要考虑分辨率、点距和图像质量。

2.3.3　听觉显示器的设计

听觉显示器与视觉显示器相比较，优点是易引起人的注意，反应速度快和不受照明条件限制等；缺点是信道容量低于视觉，对复杂信息模式的短时记忆保持较短。

听觉显示器通常适用于下列场合：信号源本身是声音；视觉通道负荷过重；信号需要及时处理；使用视觉受到条件限制；显示某种连续变化而不需要短时存贮的信息等。

一、听觉显示器的分类

① 按功能特异性分类：反馈听觉显示器（触摸屏虚拟按键声音、相机拍照声、手机电量不足提示音等）、辅助听觉显示器、告警听觉显示器。

② 按声音特性分类：语音听觉显示器和非语音听觉显示器。

③ 按显示设备分类：固定的听觉显示器（公园内公共广播喇叭、商店进门感应器等）和基于头部的听觉显示器。

二、听觉显示器的特点

① 迫听性：视觉通道可以受控制而关闭，而听觉通道在正常情况下难以被主动关闭；当环境有大的声音时，人们往往会迅速转向声音发出的方向；即使人正处于睡眠状态，也会被一定强度的声音唤醒，非常适合用于显示紧急的告警信息。

② 全方位性：声音是以声音源为中心向四周传播，因此声音源周围的人都可以接收到声音信号，人也可以全方位接收信号而不用转头。

③ 变化敏感性：人耳对声音信号的变化比较敏感，同时听觉信号的检测快于视觉信号。

④ 声波的反射、折射、衍射：声音的物理性质决定了声音信号可以远距离传输，受空间阻隔较小。

三、设计听觉显示器时应该考虑的问题

① 易识别性：听觉显示器的声音容易被目标对象收听到，与周围环境有较大区别，避免干扰、混淆，如要引起注意，易采用断续信号、变频信号。

② 易分辨性：听觉显示器如使用两个及以上听觉信号，两个信号应有明显差异。

③ 兼容性：声音信号的意义应与人们已经熟悉或自然的规律相一致。

④ 可控性：听觉显示的声音信号应当可以自由关闭。

⑤ 标准化：不同场合听觉显示器所使用的声音信号应尽量统一及标准化。

2.3.4 人机交互的设计原则及注意事项

人机交互,即狭义的人机界面设计,是研究人、计算机以及它们之间相互影响的技术。随着科技的发展,人机交互界面设计在人机界面设计中占有越来越大的比重。人与计算机系统之间依靠人机交互界面进行各种符号和动作的双向信息交换。

一、人机交互界面设计的一般原则

人机交互界面设计应该遵守的一般原则有以下内容。

① 保持一致性,即人机交互界面的命令输入、菜单选择等使用同一种格式。

② 提供有意义的反馈,人机界面应向用户提供视觉和听觉的反馈,以保证用户和系统之间建立双向通信。

③ 在执行有较大破坏性的动作之前要求用户确认。

④ 允许取消绝大多数操作。

⑤ 减少在两次操作之间必须记忆的信息量。不应该期望用户能记住在下一步操作中需使用的一大串数字或标识符。应该减少记忆量。

⑥ 提高对话、移动和思考的效率。

⑦ 允许犯错误。系统应该能保护自己不受严重错误的破坏。

⑧ 按功能对动作分类,并据此设计屏幕布局。

⑨ 提供对用户工作内容敏感的帮助设施。

⑩ 用简单动词或动词短语作为命令名。

二、人机交互界面设计的信息显示原则

如果人机界面显示的信息是不完整的、含糊的或难于理解的,则该应用系统显然不能满足用户的需要。下面是信息显示的原则。

① 仅显示与当前工作内容有关的信息。用户在获得有关系统的特定功能的信息时,不必看到与之无关的数据、菜单和图形。

② 不要用数据淹没用户,应该使用便于用户迅速吸取信息的方式来表示数据。例如,可以用图形或图表来取代庞大的表格。

③ 使用一致的标记、标准的缩写和可以预知的颜色。显示的含义应该非常明确,用户无须参照其他信息源就能理解。

④ 颜色使用恰当,遵循对比颜色的规律:在浅色背景上使用深色文字,深色背景上使用浅色文字,如蓝色文字以白色背景容易识别(表2-3-2)。

表2-3-2 颜色匹配及清晰度

序号	1	2	3	4	5	6	7	8
背景色	白	黑	红	绿	蓝	青	品红	黄
前景色	蓝	白	黄	黑	白	蓝	黑	红
	黑	黄	白	蓝	黄	黑	白	蓝
	红	绿	黑	红	青	红	蓝	黑

⑤ 允许用户保持可视化的语境。如果对显示的图形进行缩放，原始的图像应该一直显示着，以使用户知道当前看到的图像部分在原来图中所处的位置。

⑥ 产生有意义的出错信息。

⑦ 使用大小写、缩进和文本分组以帮助理解。人机界面显示的信息大部分是文字，文字的布局和形式对用户从中提取信息的难易程度有很大的影响。

⑧ 使用窗口分隔不同类型的信息。利用窗口用户能够方便地"保存"多种不同类型的信息。

⑨ 使用"模拟"显示方式表示信息，以使信息更容易被用户提取。

⑩ 屏幕也不能太拥挤，高效率地使用显示屏。

三、人机界面设计中数据输入时遵循的原则

用户的大部分时间用在选择命令、键入数据和向系统提供输入。在许多应用系统中，键盘仍然是主要的输入介质，但是，鼠标、数字化仪和语音识别系统正迅速地成为重要的输入手段。下面是关于数据输入的设计原则。

① 用户的输入动作。最重要的是减少击键次数，这可以用下列方法实现：用鼠标从预定义的一组输入中选一个；用"滑动标尺"在给定的值域中指定输入值；利用宏把一次击键转变成更复杂的输入数据集合。

② 保持信息显示和数据输入之间的一致性。显示的视觉特征应该与输入域一致。

③ 允许用户自定义输入。专家级的用户可能希望定义自己用的命令或略去某些类型的警告信息和动作确认，人机界面应该为用户提供这样的机制。

④ 交互应该是灵活的，并且可调整成用户最喜欢的输入方式。用户类型与喜好的输入方式有关，例如，秘书可能非常喜欢键盘输入，而经理可能更喜欢使用鼠标之类的设备。

⑤ 使在当前动作语境中不适用的命令不起作用。这可以使得用户不去做那些肯定会导致错误的动作。

⑥ 让用户控制交互流。用户应该能够跳过不必要的动作，改变所需做的动作的顺序，以及在不退出程序的情况下从错误状态中恢复正常。

⑦ 对所有输入动作都提供帮助。

⑧ 消除冗余的输入。除非可能发生误解，否则不要要求用户指定输入数据的单位；尽可能提供默认值；绝对不要要求用户提供程序可以自动获得计算出来的信息。

2.4　配色设计

我们生活在彩色的世界里，在这个充满色彩的环境中，色彩通过视觉系统给人们带来刺激，引起人们对色彩的不同感受、记忆、联想和喜好，从而产生丰富的效果。

2.4.1　产品色彩设计的基本知识

一、色彩的分类

千变万化、丰富多样的颜色可以分成两个大类：无彩色系和有彩色系。无彩色系是指白色、黑色和由白色黑色调和形成的各种深浅不同的灰色；有彩色系（简称彩色系）是指红、橙、黄、绿、青、蓝、紫等颜色，不同明度和纯度的红橙黄绿青蓝紫色调都属于有彩色系。有彩色是由光的波长和振幅决定的，波长决定色相，振幅决定色调。

二、色彩的基本特性

彩色系的颜色具有三个基本特性——色相、纯度（也称彩度、饱和度）、明度，在色彩学上也称为色彩的三大要素或色彩的三属性。

① 色相。色相是有彩色系的最大特征。所谓色相是指能够比较确切地表示某种颜色色别的名称，如玫瑰红、橘黄、柠檬黄、钴蓝、群青、翠绿……

② 纯度（彩度、饱和度）。色彩的纯度是指色彩的纯净程度，它表示颜色中所含有色成分的比例。

③ 明度。明度是指色彩的明亮程度，各种有色物体由于它们的反射光量的区别而产生颜色的明暗强弱。

有彩色的色相、纯度和明度三特征是不可分割的，只有色相而无纯度和明度的色是不存在的，只有纯度而无色相和明度的色也是没有的。因此，在认识和应用色彩时，必须同时考虑这三个因素。

三、色彩的功能

① 色彩的认知功能。视觉是人们认识世界的窗口，客观世界作用于人的视觉器官，通过视觉器官形成信息，从而使人产生感觉和认知。来自外界的一切视觉形象，如物体的形状、空间、位置的界限和区别等，都是通过色彩和明暗关系来反映的，人们必须借助色彩才能认识世界、改造世界，因此，色彩在人们的社会生产、生活中具有十分重要的地位。

② 色彩的艺术功能。由于人的视觉对于色彩有着特殊的敏感性，因此色彩所产生的美感往往更为直接。人们在观察景物时，无论男女老幼，视觉的第一印象乃是色彩的感觉。显然，色彩在视觉艺术中具有十分重要的美学价值。现代色彩生理、心理实验结果表明，色彩不仅能引起人们大小、轻重、冷暖、膨胀、收缩、前进、远近等心理物理感觉，而且能唤起人们各种不同的情感联想。

③ 色彩的科学功能。随着精神生活和物质生活水平的不断提高，人们不仅进一步追求色彩应用的美化，同时更加注重色彩应用的科学化。色彩，改善了工厂、学校、机关、医院等工作学习环境，提高了工作效率；色彩，现代企业的标志，象征着企业的精神和理念；色彩，在现代战争中，是一种最廉价的隐蔽自己、迷惑敌人的军事技术；色彩，为现代医学科学开拓了不可忽视的辅助医疗新的科技领域。

2.4.2　色彩的心理感受与产品设计

直接的色彩生理反应是自然科学的研究成果，如研究发现肌肉的机能和血液循环在不同色光的照射下会发生变化，蓝光最弱，随着色光变为绿、黄、橙和红而依次增强。色彩的生理反应主要体现在错视与幻觉和由此产生的直接联想。

一、色彩的进退感

不同颜色会引起人们在距离感觉上的差异，就是色彩的进退感。色彩的"进""退"是指色彩在对比过程中给人的视觉反应，其主要受到色相的影响，其次是纯度和明度的影响。对于色彩而言，波长长的色彩，如红色、黄色等会给人前进感；而波长短的色彩，如蓝色、紫色等有后退感，见图2-4-1。

图 2-4-1　色彩的进退感

　　在不同的底色中，色彩也有不同的进退感，也就是说色彩的进退感与背景的关系十分密切。深底色上，明度高的色彩或暖色系感觉近；浅底色上，明度低的色彩感觉近；灰底色上，强度高的色彩感觉近；其他底色上，与底色在色相环（图 2-4-2）上差 120°～180° 的对比色或互补色感觉近。

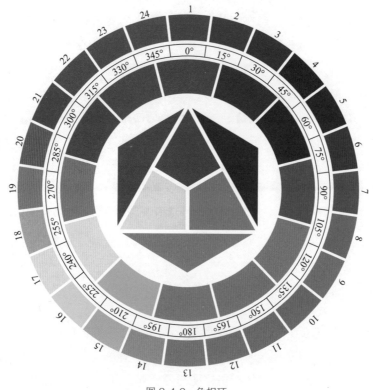

图 2-4-2　色相环

二、色彩的体积感

　　色彩体积感是指色彩在对比中给人膨胀或收缩的感觉。这种现象的出现主要是由于人在观察形体的色彩时产生的光渗错觉。浅色物体在人的视网膜上所形成的图像总有一圈光包围着，把深色背景下的浅色物体在视网膜上所形成的图像扩大了。如果在一定距离上比较两个大小完全相等的色块，在暗底上的亮色块比亮底上的暗色块大许多。

　　一般讲，亮色和暖色是扩张和膨胀的，暗色和冷色是收缩的。因此在色彩配置时要注意不同的色彩给人的面积感是不同的，必须选取适当的尺度关系，以取得面积的等同感，如图2-4-3所示。

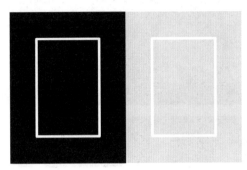

图2-4-3　色彩的体积感

三、色彩的温度感

　　色彩按照给人的温度感受，可以分为暖色系和冷色系。色彩本身没有冷暖之分，色彩的冷暖感只是人们对色彩的一种心理反应。暖色系的色彩，使人感到温暖，诱导性高，充满生机；冷色系的色彩，使人感到寒冷，诱导性低，让人趋于平静，如图2-4-4。

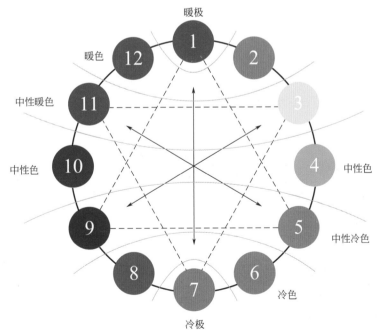

图2-4-4　色彩的温度感

色彩的冷暖感主要是由色相来决定的，明度对冷暖感几乎没有影响，纯度存在着纯度越低越冷，纯度越高越暖的倾向，如图2-4-5所示。

图 2-4-5　色彩温度感的应用

四、色彩的重量感

由于物体表面色彩不同，看上去会使人感到轻重有别（图2-4-6）。色彩的重量感主要取决于明度，明亮色或浅色感觉轻，而暗色或深色感觉重；色彩的重量感与纯度也有一定关系，纯度高的暖色系感觉重。

图 2-4-6　色彩重量感的应用

五、色彩的软硬感

软硬感是质感的一种表现，质地细腻而坚固会感觉硬，质地轻盈柔和则感觉软（图2-4-7）。色彩的软硬感觉是通过视觉感受的，从色相上看，暖色较为柔软，冷色则坚硬。

图 2-4-7 色彩软硬感的应用

六、华丽与朴素

色彩的纯度对华丽与朴素的感觉影响最大，明度也有影响，色相次之，如图2-4-8和图2-4-9所示。鲜艳而明亮的色彩给人的感觉是华丽，浑浊而深暗的色彩则显得质朴；在无彩色中，白色比黑色显得更华美；金、银以及各种特殊的金属色本身就具有华丽感。

图 2-4-8 配色华丽的产品

图 2-4-9 配色朴素的产品

七、兴奋与沉静感

红、橙、黄色能给人兴奋感，称为兴奋色；蓝绿、蓝纯色能给人以沉静感，称为沉静色；绿色和紫色既没有兴奋感也没有沉静感，属于中性色；黑、白以及纯度高的色彩会给人紧张感；灰色以及纯度低的色彩给人舒适的感觉，如图2-4-10所示。

图 2-4-10　色彩的兴奋与沉静感

八、古典与现代感

明度较低而纯度黯淡的暖色系恰恰诠释了代表过去传统与经典的感觉，冷色系则流露出过去保守、陈旧以及晦涩与伤感；明亮而纯度高的暖色系代表了诞生的新鲜程度以及未来美好浪漫的感觉，冷色系则表现了未来机械化和高科技的感觉，如图2-4-11所示。

图 2-4-11　色彩的古典与现代感

2.4.3　影响人色彩心理感受的因素

色彩感受并不限于视觉，还包括其他感觉的参与，如听觉、味觉、触觉、嗅觉，甚至还有温度和痛觉等，这些都会影响色彩的心理反应。

① 年龄与经历　根据实验心理学的研究，随着年龄的增长、生理发育的成熟以及对色彩认识、理解能力的提高，由色彩所产生的心理影响随之产生。

② 性格与情绪　感情型的人对色彩的反映和喜爱一般较强，通常会对不同色彩明确地作出各种反映；而理智型的人就不同，往往对色彩缺乏明确的好恶感，反映较含蓄。

③ 民族与风俗　不同的民族由于风俗习惯不同，对色彩的反映与态度也各不相同。欧洲人多用黑色表示哀悼，而我国自古以来都习惯用白色来祭奠亡人，这时的白色有悼愿亡灵升天享乐的意思。白与黑正好是两个极端色，东西方风俗正好取了其极端。

④ 地区与环境　色彩学家还认为色彩心理与地区自然环境有关。处于南半球的人容易接受自然的变化，喜欢强烈的鲜明色；处于北半球的人对自然的变化感觉比较迟钝，喜欢柔和暗淡的色调。

⑤ 修养与审美　由于审美标准也随着时代的发展不断地变化，所以现在对色彩审美标准的变换频率更趋加快，"流行色"便是典型的例证。

2.4.4　色彩的性格与表现

人们在长期的社会实践中形成对不同色彩的不同理解和感情上的共鸣。色彩的性格和表现力实际上是人门对色彩生活体验的结果，它既具有时代性、民族性、社会性和功能性，又必须与形态相结合。

① 红色　红色使人感到炎热、温暖、兴奋、活泼，象征革命、喜庆、幸福、希望、吉利，具有青春活力，是属于年轻人的色彩。

② 黄色　黄色是阳光的象征，具有光明、希望的含义，给人以辉煌、灿烂、柔和、崇高、神秘、威严超然的感觉；黄色也象征下流、猜疑、险恶，是色情的代名词。

③ 蓝色　蓝色能使人联想到无边无际的天空和海洋，象征广阔、无穷、高深、博爱和法律的尊严，带有沉静、理智、大方、冷淡、神秘莫测的感情。

④ 橙色　橙色是光感明度比红色高的暖色，象征美满、幸福，代表兴奋、活跃、欢快、喜悦、华美、富丽，是非常具有活力的色彩。它常使人联想到秋天的丰硕果实和美味食品，是最易引起食欲的色彩，也是具有香味感的食品包装的主要用色。

⑤ 绿色　绿色被赞为生命之色，象征和平、青春、理想、安逸、新鲜、安全、宁静。带有黄光的绿色是初春的色彩，更具生气，充满活力，象征青春少年的朝气；青绿色是海洋的色彩，是深远、沉着、智慧的象征；当明亮的绿色被灰色所暗化，难免产生悲伤衰退之感。

⑥ 紫色　紫色是大自然中比较稀少的颜色，具有高贵、优雅、神秘、华丽、娇丽的含义。

⑦ 黑色　黑色是最深暗的颜色，使人联想到黑夜。黑色代表黑暗、寂寞、沉默、苦难、恐怖、罪恶、灭亡、神秘莫测，黑色又具有庄重、肃穆、高贵、超俗、渊博、沉静的含义。

⑧ 白色　白色是最明亮的颜色，使人联想到白天、白雪。白色象征纯洁、神圣，具有轻快、朴素、清洁、卫生的含义。白色在西方象征爱情的纯洁，故结婚礼服多采用白色。

⑨ 灰色　灰色属无彩色，是黑白的中间色，浅灰色的性格类似白色，深灰色性格接近黑色。

⑩ 金属色　金属色主要指金色和银色。金属色也称光泽色，是色彩中最为高贵华丽的颜色，给人以富丽堂皇之感，象征权力和富有。金属色能与所有色彩协调配合，并能增添色彩的辉煌感。金色偏暖，银色偏冷；金色华丽，银色高雅。

2.4.5　工业产品的配色原则

工业产品所指的色彩是通过各种颜色的色料加以调配而成的。对产品的色彩设计应是美观、大方、协调、柔和，既符合产品的功能要求、人-机要求，又满足人们的审美要求。

一、工业产品配色的基本原则

（1）总体色调的选择

色调是指色彩配置的总倾向、总效果。任何产品的配色均应有主调色和辅助色，只有这样才能使产品的色彩既有统一又有变化，色彩愈少要求装饰性愈强，色调愈统一，反之则杂乱，难于统一。

色调的选择应满足下列要求。

① 满足产品功能的要求　每一产品都具有器具自身的功能特点，在选择产品色调时，应首先考虑满足产品功能的要求，使色调与功能统一，以利产品功能的发挥。

② 满足人-机协调的要求　产品色调的选择应使人们使用时感到亲切、舒适、安全、愉快和美的享受，满足人们的精神要求，从而提高工效。

③ 适应时代对色彩的要求　不同的时代，人们的审美标准不同，例如20世纪50年代，色彩倾向选择暗、冷单一的颜色，而60年代逐渐由暗向明，由冷向暖。

④ 符合人们对色彩的好恶　不同国家和地区对色彩有不同的爱好，因此在产品

设计时应了解使用者对色彩的好恶，使产品的色调符合当地人们的喜爱，这样产品在商品市场上更有竞争力。

（2）重点部位的配色

当主色调确定后，为了强调某一重要部分或克服色彩平铺直叙、单调，可将某个颜色进行重点配置，以获得生动活泼、画龙点睛的艺术效果。工业产品的重点配色常用于重要的开关、引人注目的运动部件和商标、厂标等。

重点配色的原则有以下几点。

① 选用比其他色调更强烈的色彩。

② 选用与主调色相对比的调和色。

③ 应用在较小的面积上。

④ 应考虑整体色彩的视觉平衡效果。

（3）配色的易辨度（又称视认度）

易辨度的高低取决于两者之间的明度对比，明度差异大，容易分辨，易辨度高，反之则易辨度低。

（4）配色与光源的关系

不同的光源呈现不同的色光。产品有其本身的固有色，但被不同的光源照射时，所呈现的色彩效果各不相同。

（5）配色与材料、工艺、表面肌理的关系

相同色彩的材料，采用不同的加工工艺所产生的质感效果是不同的。因此，在产品配色时，只要恰当地处理配色与功能、材料、工艺、表面肌理等之间的关系，就能获得更加丰富多变的配色效果。

二、工业产品色彩设计的一般原则

（1）仪器、仪表、控制台的色彩设计

仪器、仪表、控制台的色彩设计，也就是对外壳和面板的色彩设计。

① 面板　面板是仪器、仪表的脸面，是人经常接触的部分，面板色彩的优劣不仅对外观造型有很大的影响，对功能的发挥也有影响。

② 外壳（或机箱柜）　仪器、仪表一般结构小巧，精度较高，因此外壳的色彩应有利于体现功能、结构的特点。

③ 控制台外壳　控制台的外壳色彩设计应使操作者感到亲切、心情舒畅、操作准确、迅速方便。

（2）机床类设备的色彩设计

因产品种类繁多、大小不一，机床设备与人贴近接触时间长，色彩不宜对人有刺激，应选用浅色，如淡雅的绿色、浅蓝色、奶白色、淡黄色等，使人感到精密、亲切、心情舒畅，提高工作效率。

对于大型机械设备，色彩多采用明度较低、纯度较高的中性或偏暖的色调，一般采用上明下暗、上轻下重或中间配置与主调色明度对比较大的色彩，使人感到庄重、稳定、安全、色彩生动和谐。

（3）运输工具的色彩设计

① 汽车 汽车的速度较快，为了行人安全、引人注意，减少车祸，并给乘客以安全、平稳、亲切的感觉，其色彩宜选用明度较高的暖色或中性色。

② 工程机械与拖拉机 这一类设备行驶速度较慢，工作场地又较杂乱，安全因素尤为重要。色彩设计时应考虑选用鲜艳类色彩，一般多用橘黄、橘红、朱红、棕黄等色彩，有时也用近感色如黄色。

③ 飞机 从功能和安全要求角度来考虑，飞机多采用银灰色或银白色为主色，并配置纯度较高的装饰带，使人感到既平稳又轻巧，犹如银燕一样在空中飞翔。同时，这种银灰色能减少太阳辐射能和紫外线照射的影响，有利于飞机在空中安全飞行。

④ 船舶 为了使运行的船舶在一望无边的海洋中能清楚地被看见，一般采用明度较高的中性色或偏冷色，使之与江河湖海的自然景色协调，现在也有的用二套色和配置色带的处理方法，如上浅下暗或中间配置色带。

本章训练题目

训练目的：对家具尺度在人体工程学中的应用展开了解。
习题内容：根据本章所学，对坐卧类家具和功能型家具进行设计。
设计要求：
① 两种家具类型自行选择。
② 绘制家具的三视图及展开图和详图。
③ 图纸大小为A3图纸、CAD制图。比例自定，1：50或1：30。

第3章

人体工程学与空间

3.1　室内设计建筑规范

　　为了避免对人身健康和财产安全造成危害，国家制定了相关设计规范和通则。本节从室内环境设计的平面功能体系、交通体系、维护体系、空间体系、管网体系等角度对规范进行分析。

3.1.1　平面功能体系

一、层高和室内净高

室内净高应按地面至吊顶或楼板底面之间的垂直高度计算。

　　《住宅设计规范》规定：普通住宅层高不宜高于2.80m；卧室、起居室的室内净高不应低于2.40m，局部净高不应低于2.10m，且其面积不应大于室内使用面积的1/3；利用坡屋顶内空间作卧室、起居室时，其1/2面积的室内净高不应低于2.10m；厨房、卫生间的室内净高不应低于2.20m；厨房、卫生间内排水横管下表面与楼面地面净距不应低于1.90m，且不得影响门、窗扇开启。

《民用建筑设计通则》规定：建筑物用房的室内净高应符合专用建筑设计规范的规定，地下室、局部夹层、走道等有人员正常活动的，最低处的净高不应小于2.00m。

《办公建筑设计规范》规定：一类办公建筑室内净高不应低于2.70m；二类办公建筑室内净高不应低于2.6m；三类办公建筑室内净高不应低于2.5m；办公建筑的走道净高不应低于2.20m，储藏间净高不应低于2.00m。

二、平面功能分区

（1）卧室、起居室、餐厅等

《住宅设计规范》规定：卧室之间不应穿越，卧室应直接采光、自然通风，其面积不宜小于下列规定，双人卧室为$10m^2$，单人卧室为$6m^2$，兼起居室的卧室为$12m^2$；起居室应直接采光、自然通风，其使用面积不应小于$12m^2$；起居室内的门洞布置应综合考虑使用功能要求，减少直接开向起居室的门的数量，起居室内布置家具的墙面直线长度应大于3m；无直接采光的餐厅、过厅等，其使用面积不宜大于$10m^2$。

《老年人建筑设计规范》规定：老年人居住建筑的起居室、卧室，老年人公共建筑中的疗养室、病房，应有良好朝向、天然采光和自然通风的特点，室外宜有开阔视野和优美环境；老年住宅、老年公寓、家庭型老人院的起居室使用面积不宜小于$14m^2$，卧室使用面积不宜小于$10m^2$；矩形居室的短边净尺寸不宜小于3.00m；老年人基础设施参数应符合相关的规定。

（2）厨房

《住宅设计规范》规定：一类和二类住宅厨房的使用面积不应小于$4m^2$，三类和四类住宅厨房的使用面积不应小于$5m^2$；厨房应直接采光，自然通风，并布置在套内近入口处；厨房应设置洗涤池、案台、炉灶及排油烟机等设施或预留位置，按炊事操作流程排列，操作面净长不应小于2.1m；单排布置设备的厨房净宽不应小于1.5m，双排布置设备的厨房其两排设置的净距不应小于0.9m。

《老年人建筑设计规范》规定：老年人应设独用厨房，供老年人自行操作和轮椅进出的独用厨房使用面积不宜小于$6m^2$，其最小短边净尺寸不应小于2.1m；老人院公用小厨房应分层或分组设置，每间使用面积宜为$6 \sim 8m^2$；厨房操作台面高不宜小于$0.75 \sim 0.8m$，台面宽度不应小于0.5m，台下静空高度不应小于0.6m，台下静空前后进深不应小于0.25m；厨房宜设吊柜，柜底离地高度宜为$1.4 \sim 1.5m$，轮椅操作厨房，柜底离地高度宜为1.2m，吊柜深度比操作台应退进0.25m。

（3）卫生间（厕所）、盥洗室、浴室

《住宅设计规范》规定：每套住宅应设卫生间，每套住宅至少应配置三件卫生洁具，不同洁具组合的卫生间使用面积不应小于下列规定，设坐便器、洗浴器、洗面器三件卫生洁具的为3m²，设坐便器、洗浴器两件卫生洁具的为2.5m²，设坐便器、洗面器两件卫生洁具的为2m²，单设坐便器的为1.1m²；无前室的卫生间的门不应该直接开向起居室或厨房；卫生间不应直接布置在下层住户的卧室、起居室和厨房的上层，可布置在本套内的卧室、起居室和厨房的上层，并均应有防水隔声和便于检修等措施。

《民用建筑设计通则》规定：卫生间设备配置的数量应符合专用建筑设计规范的规定，在公用男女厕所的比例中，应适当加大女厕位比例；楼地面标高应略低于走道标高，并应有坡度斜向地漏或水沟；浴室和盥洗室地面应防滑；公用男女厕所宜分设前室，或有遮挡措施等；厕所和浴室隔间的平面尺寸不应小于下表规定（见表3-1-1）；厕所隔间高度应为1.5～1.8m，淋浴和盆浴隔间高度应为1.8m；洗脸盆或盥洗槽水嘴中心与侧墙面净距不应小于0.55m，并列洗脸盆或盥洗槽水嘴中心距不应小于0.7m；单侧并列洗脸盆或盥洗槽外沿至对面墙的净距不应小于1.25m；双侧并列洗脸盆或盥洗槽外沿之间的净距不应小于1.8m；浴盆长边至对面墙面的净距不应小于0.65m；并列小便器的中心距离不应小于0.65m；单侧隔间至对面墙面的净距及双侧隔间之间的净距，当采用内开门时不应小于1.1m，当采用外开门时不应小于1.3m；单侧厕所隔间至对面小便器或小便槽的外延之近距，当采用内开门时不应小于1.1m，当采用外开门时不应小于1.3m。

表3-1-1　厕所和浴室隔间平面尺寸　　　　　　　　　　单位：m

类别	平面尺寸（宽度×深度）
外开门的厕所隔间	0.90×1.20
内开门的厕所隔间	0.90×1.40
外开门的淋浴隔间	1.00×1.20
内设更衣凳的淋浴隔间	1.00×（1.00+0.60）
医院患者专用厕所隔间	1.10×1.40
无障碍厕所隔间	1.40×1.80（改建用1.20×2.00）
无障碍专用浴室隔间	盆浴（门扇向外开启）2.00×2.25 淋浴（门扇向外开启）1.50×2.35

（4）阳台

《住宅设计规范》规定：每套住宅应设阳台或平台，阳台应设置晾、晒衣物的设施；顶层阳台应设雨罩，各套住宅之间毗连的阳台应设分户隔板，阳台、雨罩均应做有组织排水和防水设施；阳台栏杆设计应防止儿童攀登，栏杆的垂直杆件间净距不应大于0.11m，低层、多层住宅的阳台栏杆净高不应低于1.05m，中高层、高层住宅的阳台栏杆不应低于1.1m。

《老年人建筑设计规范》规定：老年人居住建筑的起居室或卧室的阳台，其净深度不宜小于1.5m；老人疗养室、老人病房宜设净深度不小于1.5m的阳台；阳台栏杆扶手高度不应小于1.1m，寒冷和严寒地区宜设封闭式阳台，顶层阳台应设雨篷；阳台板底或侧壁应设可升降的晾晒衣物设施；供老年人活动的屋顶平台或屋顶花园，其屋顶女儿墙护栏高度不应小于1.1m；高出平台的屋顶突出物，其高度不应小于0.6m。

3.1.2 交通体系

一、入口、过道

《住宅设计规范》规定：室内入口过道净宽不宜小于1.2m，通往卧室、起居室的过道净宽不应小于1.00m，通往厨房、卫生间、储藏间的过道净宽不应小于0.9m，过道在拐弯处的尺寸应便于搬运家具。

《老年人建筑设计规范》规定：老年人居住建筑出入口宜采取阳面开门，出入口内外应留有不小于1.5m×1.5m的轮椅回旋面积，住宅建筑出入口造型设计应标志鲜明，易于辨认；老年人建筑出入口门前平台与室外地面高差不宜大于0.4m，并应采用缓坡台阶和坡道过渡；出入口顶部应设雨篷，出入口平台、台阶踏步和坡道应选用坚固、耐磨、防滑的材料，缓坡台阶踏步踢面高不宜大于0.12m，踏面宽不宜小于0.38m，坡道坡度不宜大于1：12，台阶与坡道两侧应设栏杆扶手；当室内外高差较大设坡道有困难时，出入口可设升降平台；通过式走道两侧墙面0.9m和0.65m高处宜设直径0.04～0.05m的圆杆横向扶手，扶手离墙表面间距0.04m，走道两侧墙面下部应设0.35m高的护墙板；通过式走道净宽不宜小于1.8m；老年人出入经由的过厅、走道、房间不得设门槛，地面不宜有高差。

二、楼梯

《住宅设计规范》规定：室内楼梯的梯段净宽，当一边临空时不应小于0.75m，当两侧有墙时不应小于0.9m；室内楼梯的踏步宽度不应小于0.22m，高度不应大于0.2m，扇形踏步转角距扶手边0.25m处，宽度不应小于0.22m；六层以下住宅，一边设有栏杆的梯段，净宽不应小于1m。

《民用建筑设计通则》规定：楼梯的梯段宽度一般按每股人流宽为0.55＋（0～0.15)m的人流股数确定（一般为0.6m)，并不应少于两股人流；每个楼梯梯段的踏步一般不应超过18级，亦不应少于3级；不同类型的楼梯踏步的高宽应符合表3-1-2的规定。

表3-1-2 楼梯踏步最小宽度和最大高度   单位：m

类别	最小宽度	最大高度
住宅共用楼梯	0.26	0.175
幼儿园、小学校楼梯	0.26	0.150
电影院、剧院、体育馆、商场、医院、旅馆和大中学校等楼梯	0.28	0.160
其他建筑物楼梯	0.26	0.170
专用疏散楼梯	0.25	0.180
专用服务楼梯、住宅户内楼梯	0.22	0.200

《老年人居住建筑设计标准》规定：楼梯应在内侧设置扶手，宽度在1.5m以上时应在两侧设置扶手；扶手安装高度在0.8～0.85m，应连续设置。

三、台阶

《民用建筑设计通则》规定：公共建筑室内外台阶踏步宽度不宜小于0.3m，踏步高度不宜大于0.15m，踏步数不宜少于2级；人流密集的场所台阶高度超过0.7m并侧面临空时，应有护栏设施等。

四、坡道

室内坡道不宜大于1∶8，室外坡道不宜大于1∶10，供轮椅使用的坡道不应大于1∶12；室内坡道水平投影长度超过15m时，宜设休息平台，平台宽度应根据使用功能或设备尺寸所需缓冲空间而定；供轮椅使用的坡道两侧应设高度为0.65m的扶手；坡道侧面临空时，在栏杆下端宜设高度不小于0.05m的安全挡台；楼梯与坡道两侧离地高0.9m和0.65m处应设连续的栏杆与扶手，沿墙一侧扶手应水平延伸，扶手宜选用优质木料或手感较好的其他材料。

五、门窗

《住宅设计规范》规定：各部位门洞的最小尺寸应符合表3-1-3的规定。

表3-1-3　门洞最小尺寸　　　　　　　　　单位：m

类别	洞口宽度	洞口高度
公用外门	1.20	2.00
户（套）门	0.90	2.00
起居室（厅）门	0.90	2.00
卧室门	0.90	2.00
厨房门	0.80	2.00
卫生间门	0.70	2.00
阳台门（单扇）	0.70	2.00

注：1.表中门洞高度不包括门上亮子高度。

2.洞口两侧地面有高低差时，以高地面为起算高度。

《老年人建筑设计规范》规定：老年人建筑公用外门净宽不得小于1.1m，老年人住宅户门和内门含（厨房门、卫生间门、阳台门）通行净宽不得小于0.8m，起居室、卧室、疗养室、病房等门扇应采用可观察的门窗，窗扇宜镶有无色透明玻璃，开启窗口应设防蚊蝇纱窗，建筑出入口内外应有不少于1.5m×1.5m的轮椅回旋余地。

3.1.3　维护体系

一、栏杆

《民用建筑设计通则》规定：阳台、外廊、室内回廊、内天井、上人屋面及室外楼梯等临空处应设置防护栏，栏杆高度不应小于1.05m，高层建筑的栏杆高度应再适当提高，但不宜超过1.2m，中高层、高层及寒冷、严寒地区住宅的阳台宜采用实体栏板；栏杆离地面或屋面0.1m高度内不应留空；有儿童活动的场所，栏杆应采用不易攀登的构造，栏杆的垂直杆件间净空不应大于0.11m，放置花盆处必须采取防坠落措施；楼梯井净宽大于0.2m时，必须采取防止儿童攀滑的措施。

二、屋面、楼地面

屋面坡度：屋面坡度应根据防水面材料、构造及当地气象等条件确定，其最小排水坡度应符合表3-1-4规定。

屋面要求：对屋面材料、排水、坡度、保温、架空结构、通风口、防火等做出要求。

表3-1-4 屋面的排水坡度

屋面类别	屋面排水坡度/%
卷材防水、刚性防水的平屋面	2～5
平瓦	20～25
波形瓦	10～50
油毡瓦	≥20
种植土屋面	1～3
压型钢板	5～35

注：1.平屋面采用结构找坡不应小于3%，采用材料找坡为2%。
　　2.卷材屋面的坡度不宜大于25%，当坡度大于25%时应采取固定和防滑措施。

楼地面：除有特殊使用要求外，楼地面应满足平整、耐磨、不起尘、防滑、易于清洁等要求，有给水设备或有进水可能的楼地面，其面层和结合层应采用不透水材料构造等。

门柱：外窗窗台距楼面地面的高度低于0.9m时，应有防护设施，窗外有阳台或平台时可不受此限制，窗台的净高度或防护栏杆的高度均应从可踏面起算，保证净高0.9m；底层外窗和阳台门、下沿低于2m，且紧邻走廊或公用上人屋面的窗和门应采取防卫措施；面临走廊或凹口的窗，应避免视线干扰，向走廊开启的窗扇不应妨碍交通；住宅户门应采用安全防卫门，向外开启的户门不应妨碍交通。

对于安全出口、疏散门、楼梯，《建筑设计防火规范》规定：安全出口、房间疏散门的净宽度不应小于0.9m，疏散走道和楼梯的净宽度不应小于1.1m。《高层民用建筑设计防火规范》规定：医院每个外门净宽不小于1.3m，单面布置走道净宽不小于1.4m，双面走道净宽不小于1.5m，居住建筑每个外门净宽不小于1.1m，单面布置走道净宽不小于1.2m，双面走道净宽不小于1.3m；居住建筑疏散楼梯净宽不小于1.1m；医院病房楼疏散楼梯净宽不小于1.3m。

三、墙身、变形缝

《民用建筑设计通则》规定：砖砌墙应在室外地面以上，低于室内地面0.06m处设置连续的水平防潮层；室内相邻地面有高差时，应在高差处墙身的侧面加设防潮层；变形缝的构造和材料应根据其部位和需要，分别采取防水、防火、保温、防虫害等措施。

3.1.4 空间体系

因面积和户型的变化而导致空间体系的多样性，室内不同结构空间形式对人的行为方式有直接影响，因此对套型和面积标准部分做简单介绍。

《住宅设计规范》规定：住宅应按套型设计，每套应设卧室、起居室、厨房和卫生间等基本空间；普通住宅套型分为一至四类，其居住空间个数和使用面积不宜小于表3-1-5的规定。

表3-1-5　住宅空间个数和最小使用面积

套型	居住空间数/个	使用面积/m^2
一类	2	34
二类	3	45
三类	3	56
四类	4	68

注：表内使用面积均未包括阳台面积。

《老年人居住建筑设计标准》里有关老年人住宅和老年人公寓的最低使用面积标准如表3-1-6所示。

表3-1-6　老年人住宅和公寓最低使用面积　　　　　单位：m^2

组合形式	老年人住宅	老年人公寓
一室套（起居、卧室合用）	25	25
一室一厅套	35	33
两室一厅套	45	43

3.1.5　管网体系

管网体系内容包括：给排水管道、电气、燃气管道、管道井、烟道、通风道、垃圾管道等。《住宅装饰装修工程施工规范》规定：嵌入墙体地面的管道应进行防腐处理，并用水泥砂浆保护，其厚度应符合下列要求，墙内冷水管不小于10mm、热水管不小于15mm、嵌入地面的管道不小于10mm；电源线暗线敷设必须配管，当管线长度超过15m或有两个直角弯时，应增设拉线和电源线及插座，与电视线及插座的水平间距不应小于0.5m，电线与暖气、热水、煤气管之间的平行距离不应小于300mm，交叉距离不应小于100mm；同一室内的电源、电话、电视等插座面板应在同一水平标高上，高差应小于5mm，电源、插座底边距地宜为300mm，开关板底边距地为1400mm。

《住宅设计规范》规定：最热月平均室外气温高于和等于25℃的地区，每套住宅内应预留安装空调设备的位置和条件。《民用建筑设计通则》对管道井、烟道、通风道、垃圾管道作出相应规定：如管道井的断面尺寸应符合管道安装检修所需空间的要求；烟道或通风道应用非燃烧体材料制作；同层和上下层不得使用同一孔道；烟道或通风道应伸出屋面，伸出高度应根据屋面形式、排出口周围遮挡物的高度、距离及积雪深度等因素来确定，平屋面伸出高度不应小于0.6m，且不得低于女儿墙的高度；垃圾出口应有较好的卫生隔离，底部存纳和出运垃圾的方式应与城市垃圾管理方式相适应；高层建筑应配合运输车设垃圾贮运室，并宜设冲洗排污设施等。

3.1.6　室内设计常用尺寸

一、家装尺寸

① 踢脚板高：80 ～ 200mm。

② 墙裙高：800 ～ 1500mm。

③ 挂镜线高：1600 ～ 1800mm（画中心距地面高度）。

④ 室内门：宽度800 ～ 950mm，高度1900mm、2000mm、2100mm、2200mm或2400mm。

⑤ 推拉门：宽度750 ～ 1500mm，高度1900 ～ 2400mm。

⑥ 厕所、厨房门：宽度800mm或900mm，高度1900mm、2000mm或2100mm。

⑦ 木隔间墙厚60 ～ 100mm，内角材排距长度（450 ～ 600mm）×900mm。

二、餐厅

① 餐桌间距：应大于500mm（其中座椅占500mm）。

② 餐桌高：750 ～ 790mm。

③ 餐椅高：450 ～ 500mm。

④ 圆桌直径：二人桌500mm或800mm，四人桌900mm，五人桌1100mm，六人桌1100 ～ 1250mm，八人桌1300 ～ 1500mm，十人桌1500 ～ 1800mm，十二人桌1800 ～ 2000mm，十六人桌2600 ～ 3500mm。

⑤ 方餐桌尺寸：二人桌700mm×850mm，四人桌1350mm×850mm，八人桌2250mm×850mm。

⑥ 餐桌转盘直径：700 ～ 800mm。

⑦ 主通道：宽1200 ～ 1300mm。

⑧ 内部工作道：宽600 ～ 900mm。

⑨ 酒吧台：高900 ～ 1050mm，宽500mm。

⑩ 酒吧凳：高600 ～ 750mm。

三、商场营业厅

① 单边双人走道宽：1600mm。

② 双边双人走道宽：2000mm。

③ 双边三人走道宽：2300mm。

④ 双边四人走道宽：3000mm。

⑤ 营业员柜台走道宽：800mm。

⑥ 营业员货柜台：厚600mm，高800～1000mm。

⑦（单）背立货架：厚300～500mm，高1800～2300mm。

⑧（双）背立货架：厚600～800mm，高1800～2300mm。

⑨ 小商品橱窗：厚500～800mm，高400～1200mm。

⑩ 陈列地台高：400～800mm。

⑪ 敞开式货架高：400～600mm。

⑫ 放射式售货架：直径2000mm。

⑬ 收款台：长1600mm，宽600mm。

四、酒店客房

① 标准面积：大25m²，中16～18m²，小16m²。

② 床：高400～450mm，床（高）850～950mm。

③ 床头柜：高500～700mm，宽500～800mm。

④ 写字台：长1100～1500mm，宽450～600mm，高700～750mm。

⑤ 行李台：长910～1070mm，宽500mm，高400mm。

⑥ 衣柜：宽800～1200mm，高1600～2000mm，深500mm。

⑦ 沙发：宽600～800mm，高350～400mm（背高1000mm）。

⑧ 衣架高：1700～1900mm。

⑨ 沙发：三人式长度1750～1960mm，深度800～900mm；四人式长度2320～2520mm，深度800～900mm。

五、卫生间

① 卫生间面积：3～5m²。

② 浴缸：长度一般有三种，1220mm、1520mm、1680mm；宽720mm，高450mm。

③ 坐便：750mm×350mm。

④ 冲洗器：690mm×350mm。

⑤ 盥洗盆：550mm×410mm。

⑥ 淋浴器：高2100mm。

⑦ 化妆台：长1350mm，宽450mm。

六、会议室

① 中心会议室客容量：会议桌边长600mm。

② 环式高级会议室客容量：环形内线长700 ～ 1000mm。

③ 环式会议室服务通道宽：600 ～ 800mm。

七、交通空间

① 楼梯间休息平台净空：等于或大于2100mm。

② 楼梯跑道净空：等于或大于2300mm。

③ 客房走廊高：等于或大于2400mm。

④ 两侧设座的综合式走廊宽度：等于或大于2500mm。

⑤ 楼梯扶手高：850 ～ 1100mm。

⑥ 门的常用尺寸：宽850 ～ 1000mm。

⑦ 窗的常用尺寸：宽400 ～ 1800mm（不包括组合式窗户）。

⑧ 窗台高：800 ～ 1200mm。

八、灯具

① 大吊灯最小高度：2400mm。

② 壁灯高：1500 ～ 1800mm。

③ 反光灯槽最小直径：等于或大于灯管直径两倍。

④ 壁式床头灯高：1200 ～ 1400mm。

⑤ 照明开关高：1000mm。

九、办公家具

① 办公桌：长1200 ～ 1600mm，宽500 ～ 650mm，高700 ～ 800mm（标高750mm）。

② 办公椅：高400 ～ 450mm，长×宽为450mm×450mm。

③ 沙发：宽600 ～ 800mm，高350 ～ 400mm，靠背面1000mm。

④ 茶几（长×宽×高）：前置型为900mm×400mm×400mm；中心型为900mm×900mm×400mm，700mm×700mm×400mm；左右型为600mm×400mm×400mm。

⑤ 书柜：高1800mm，宽1200 ~ 1500mm，深450 ~ 500mm。

⑥ 书架：高1800 ~ 2000mm，宽1000 ~ 1300mm，深350 ~ 450mm。

3.2 住宅空间环境设计

住宅空间的设计中首先应将各功能房间作为设计的基本元素，对住宅空间进行划分。住宅空间主要由三部分空间构成，包含居住空间、厨卫空间和辅助空间（图3-2-1），应满足起居、做饭、就餐、如厕、就寝、工作、学习以及储藏等功能需求。下面将依据房间内的主要功能，对房间布置形式、房间尺寸等进行符合人体工程学要求的设计分析。

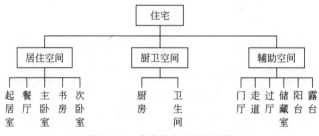

图 3-2-1　住宅的各项功能空间

3.2.1 住宅空间的划分

住宅是居住者生活起居的基本场所，居住者对住宅空间的物质需求也就构成了住宅的基本功能，包括休息、饮食、盥洗、家庭团聚、娱乐、会客、学习、工作等。社会在发展，居住者的需求不是一成不变的，所以住宅室内空间功能也是发展、变化的。在建筑设计的基础上调整空间的尺度和比例，解决好空间与空间之间的衔接、对比、统一等问题，将对居住空间的整体性起到很大作用。住宅空间综合不同功能，通常划分为门厅、起居室、书房、娱乐室、卧室、厨房、餐厅、卫生间、储物间等主要空间。这是人们以前对住宅空间概念的认知，其实这只是很粗略的空间划分，甚至是土建中早已定型的。随着室内装修的发展，住宅空间划分越来越细，例如厨房是住宅空间的一部分，但这个空间根据功能可划分为烹饪空间、加工空间、备餐空间、洗物空间、储物空间、冷藏空间等，根据方位又可划分为上部空间、中部空间、下部空间等。总之，功能空间的细化将更加符合人体的空间尺度，提高住宅空间的实用性，是室内装修发展的必然结果，说明人们对生活的理解更加现实，如图3-2-2所示。

图 3-2-2　合理的住宅空间的划分

综合来说，进行住宅设计时合理的空间布局应依据如下原则：

① 以居住者的家庭人员结构、生活需求状况为基本设计依据；

② 尊重建筑物本身的结构布局，协调好装饰与结构之间的关系，使水、电、气等设施设备的处理做到安全可靠，协调统一；

③ 注重采光、采暖和通风条件的合理运用，为居住者创造一个舒适的生理环境；

④ 根据居住者的经济条件和消费投向的具体情况，合理分配并充分利用资金，避免不必要的浪费。

3.2.2　门厅的设计和尺寸

① 当鞋柜、衣柜需要布置在户门一侧时，要确保门侧墙垛有一定的宽度：摆放鞋柜时，墙垛净宽度不宜小于400mm；摆放衣柜时，则不宜小于650mm。

② 综合考虑相关家具布置及完成换鞋更衣动作所需空间，门厅的开间不宜小于1500mm，面积不宜小于2m²，如图3-2-3所示为门厅平面布局及尺寸参考，图3-2-4和图3-2-5是常见的门厅设计情况。

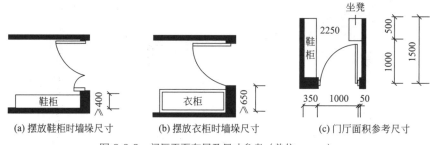

(a) 摆放鞋柜时墙垛尺寸   (b) 摆放衣柜时墙垛尺寸   (c) 门厅面积参考尺寸

图 3-2-3　门厅平面布局及尺寸参考（单位：mm）

图 3-2-4　独立玄关的门厅设计　　　图 3-2-5　无独立玄关的门厅设计

3.2.3　起居室的设计和尺寸

起居室空间的设计要点：起居室的采光口宽度应大于 1.5m；起居室的家具一般沿两条相对的内墙布置，设计时要尽量避免开向起居室的门过多，应尽可能提供足够长度的连续墙面供家具"依靠"（我国《住宅设计规范》规定起居室内布置家具的墙面直线长度应大于 3000mm）；如若不得不开门，则尽量相对集中布置，从图 3-2-6 可以看出内墙面长度与门的位置对起居室家具摆放的影响，图 3-2-7 为感受较为舒适的起居室空间设计。

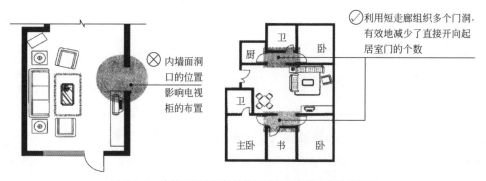

图 3-2-6　内墙面长度与门的位置对起居室家具摆放的影响

图 3-2-7　感受舒适的起居室空间设计

图3-2-8和图3-2-9为起居室常用的人体工程学参考尺寸。

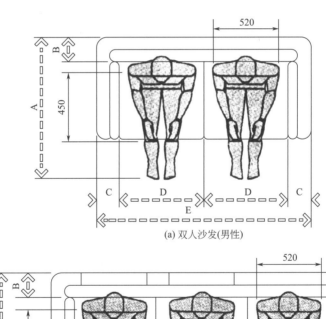

(a) 双人沙发(男性)

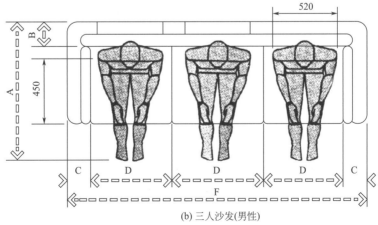

(b) 三人沙发(男性)

图 3-2-8

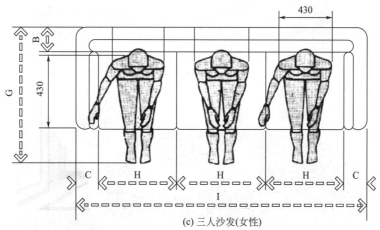

(c) 三人沙发(女性)

A＝1060～1210　　B＝150～220　　C＝76～150　　D＝710　　E＝1570～1720

F＝2280～2430　　G＝1010～1160　　H＝660　　　　　I＝2130～2280

图 3-2-8　起居室常用的人体工程学参考尺寸 -1（单位：mm）

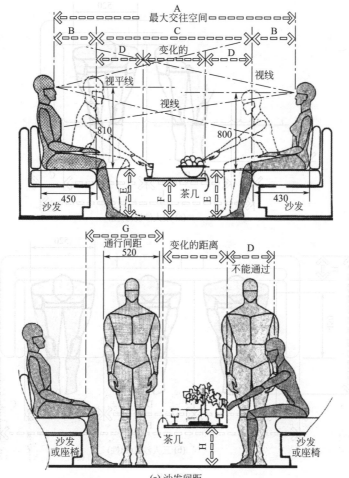

(a) 沙发间距

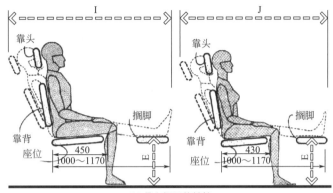

（b）带有搁脚的躺椅

A = 2130~2840   B = 330~400   C = 1470~2030   D = 400~450   E = 350~430
F = 300~450   G = 760~910   H = 300~400   I = 1520~1720   J = 1370~1570

图 3-2-9 起居室常用的人体工程学参考尺寸 -2（单位：mm）

① 起居室沙发等座椅多为软体类家具，常见尺寸见 2.1.6 常用家具基本尺寸。

② 茶几高度在 450～600mm 范围内，茶几的平面形状及长、宽尺寸可任意确定。

③ 电视柜的长度可根据电视尺寸或背景墙形式来确定，宽度约 450～600mm，高度应根据保证屏幕中心位于自然视线附近来设计，高度 400～600mm。

④ 人眼至电视屏幕的距离通常应不小于屏幕尺寸的 6 倍，最小不小于 2.5m。

3.2.4 餐厅的设计和尺寸

餐厅的设计要点如下。

① 餐厅是家庭进餐的主要场所，也是宴请亲友的活动空间。

② 餐厅的尺寸：3～4 人就餐，开间净尺寸不宜小于 2700mm，使用面积不要小于 10m²；6～8 人就餐，开间净尺寸不宜小于 3000mm，使用面积不要小于 12m²。

③ 一般住宅都应设置独立的进餐空间，若空间条件不具备时，也应在起居室或厨房设置一开放式半独立的用餐区，如图 3-2-10 和图 3-2-11 所示。

图 3-2-10 无独立用餐区域的餐厅设置

图 3-2-11 有独立用餐区域的餐厅设置

④ 餐厅应该足够宽敞，餐厅的家具主要有餐桌、餐椅，还可有酒柜、吊柜等，餐桌应放在地面中央，如果地面较窄餐桌可靠墙布置。

⑤ 从餐厅通向厨房或阳台等，应留有合适的通道，宽度一般在750～900mm，最小550mm。

⑥ 餐桌的高度一般为730～760mm，最佳宽度为1350mm左右。餐椅高度一般为450mm左右，深度也在450mm左右，这样就能使人们坐下的时候手臂能舒服地放在餐桌上。餐椅后可通行的最小间距为570mm以方便人们的走动。餐桌上方应该安置一个吊灯来增加气氛，提高人们的食欲，如图3-2-12所示为餐厅空间常用的人体尺寸。

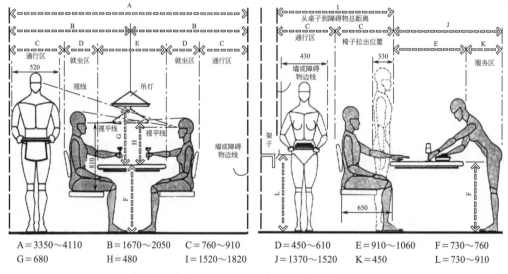

A=3350～4110	B=1670～2050	C=760～910
G=680	H=480	I=1520～1820
D=450～610	E=910～1060	F=730～760
J=1370～1520	K=450	L=730～910

图 3-2-12　餐厅空间常用的人体尺寸（单位：mm）

⑦ 有空间条件的餐厅加一个酒柜不仅能方便拿取酒水，还能增加餐厅的品位，酒柜长度可根据具体设计而定；宽度250～300mm为宜；高度一般不超过2000mm，其上部可做吊柜。餐厅灯光的设置，一般灯光距离桌面700mm左右，可以使灯光完全覆盖桌面，使灯光效果更好。

3.2.5　卧室的设计和尺寸

卧室在套型中扮演着十分重要的角色。一般人的一生中近1/3的时间处于睡眠状态中，拥有一个温馨、舒适的主卧室是不少人追求的目标。卧室可分为主卧室和次卧室。

一、主卧室的设计要点

① 主卧室应有直接采光、自然通风，因此住宅设计应千方百计地将外墙让给卧室，保证卧室与室外自然环境有直接的联系，如采光、通风和景观等。

② 卧室空间尺度比例要恰当，家具布置要合理，如图3-2-13所示。一般开间与进深之比不要大于1∶2。

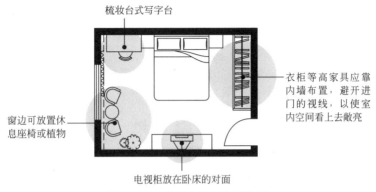

图 3-2-13　主卧室的家具布置要点

③ 卧室中较为重要的是床的布局，如图3-2-14和图3-2-15所示，床的高度一般定为400 ～ 600mm（因人而异）；长度比较统一，一般定为2m（个子特别高的除外）；而宽度则依据卧室空间大小和主人爱好而定，床两侧应该有充分的活动空间，如图3-2-16展示的卧室的空间布局。

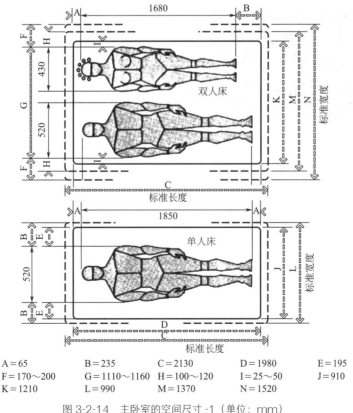

A＝65	B＝235	C＝2130	D＝1980	E＝195
F＝170～200	G＝1110～1160	H＝100～120	I＝25～50	J＝910
K＝1210	L＝990	M＝1370	N＝1520	

图 3-2-14　主卧室的空间尺寸 -1（单位：mm）

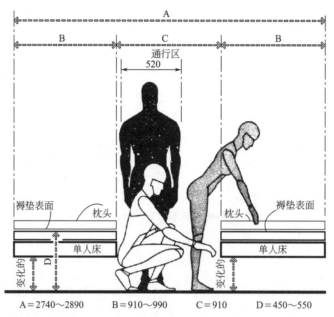

A = 2740～2890　　B = 910～990　　C = 910　　D = 450～550

图 3-2-15　主卧室的空间尺寸 -2（单位：mm）

图 3-2-16　舒适的卧室空间布局

④ 衣柜也是卧室内必不可少的家具。其高度一般为2.4m左右以便于挂置长一些的衣物，并在上部留出了放换季衣物的空间，一般为800mm左右；衣柜的侧面宽度为600mm左右，柜门打开时所占用的空间也为600mm左右；如果卧室的空间有限可将衣柜门换成抽拉式来节省空间。

二、次卧室的设计要点

次卧室的房间服务的对象不同，其家具及布置形式也会随之改变，例如图3-2-17为子女用房的家具及布置情况。如果次卧室要是进行儿童房的布置需要特别注意在儿童卧室内一般不放置带棱角的东西，尽量选用边角圆滑的家具以利于儿童的安全。

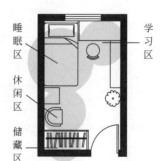

图 3-2-17　子女用房的分区布置

3.2.6 厨房的设计和尺寸

厨房是住宅空间的重要组成部分，通常与餐厅、起居室紧密相连，有的还与阳台相连。市场调研表明，近几年使用者希望扩大厨房面积的需求依然较强烈，根据现有住宅情况来看可以将厨房按照面积分成三种类型，即经济型、小康型、舒适型，一般对应经济适用型住宅、一般住宅和高级住宅三种。

以日常操作程序作为设计的基础，建立厨房的三个工作中心，即储藏与调配中心（电冰箱）、清洗与准备中心（水槽）、烹调中心（炉灶）。厨房布局的最基本概念是"三角形工作空间"，是指利用电冰箱、水槽、炉灶之间连线构成工作三角，即所谓工作三角法。利用工作三角法，可形成U型、L型、走廊式（双墙式）、一字型（单墙式）、半岛式、岛式几种常见的平面布局形式，如图3-2-18所示。厨房的布局形式主要根据厨房的空间大小和主要使用者的喜好而定。

U型厨房

L型厨房

一字型厨房

岛式厨房

图 3-2-18　几种常见的厨房布局

不管厨房的布局是什么样的，厨房中的通道必须在1.2～1.5m之间才能让使用者在这个空间中行动自如。厨房里一般有整体橱柜，冰箱以及各种厨具。橱柜下面的操作台离地面的高度为900mm，这个尺寸可以使女性以正确的站姿下做家务，不必遭受弯腰带来的劳累。而且操作台面的深度为600mm，可以有足够的空间来摆放做饭的工具。橱柜上面的吊柜的高度与橱柜到吊柜的距离均为600mm，这个距离不会影响做饭时的操作，而且吊柜的厚度600mm也在成年女性手可以触及的范围之内，所以可以轻松地拿取各种厨具，吊柜的深度在300mm到350mm之间。水槽与冰箱之间的间距不得小于400mm，这是为了避免水渍或者油渍溅到冰箱上。厨房的常用人体尺寸如图3-2-19所示。

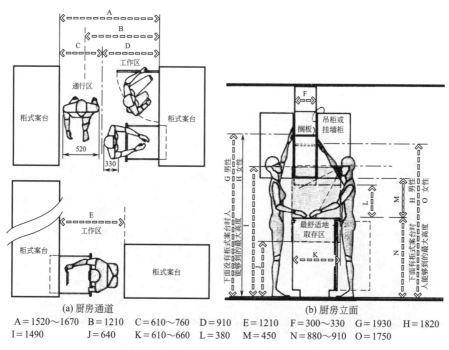

(a) 厨房通道   (b) 厨房立面

A=1520~1670 B=1210 C=610~760 D=910 E=1210 F=300~330 G=1930 H=1820
I=1490   J=640   K=610~660 L=380 M=450 N=880~910 O=1750

图 3-2-19 厨房的空间尺寸（单位：mm）

3.2.7 书房的设计和尺寸

书房是居室中私密性较强的空间，是人们基本居住条件高层次的要求，它给主人提供了一个阅读、书写、工作和密谈的空间，如图3-2-20所示。

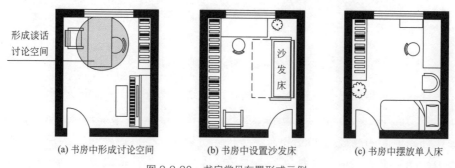

(a) 书房中形成讨论空间 (b) 书房中设置沙发床 (c) 书房中摆放单人床

图 3-2-20 书房常见布置形式示例

书房的设计要点有以下几点。

① 书房的设置要考虑到朝向、采光、私密性等多项要求，以保证书房未来环境质量。

② 适当偏离活动区，如起居室、餐厅，以避免干扰；远离厨房储藏间等家务用房，以便保持清洁。

③ 书房的布局形式与使用者的职业有关，不同职业工作的方式和习惯差异很大，应具体问题具体分析，如图3-2-21和图3-2-22展现书房的环境布局。

图 3-2-21　无独立空间的书房环境布局　　　图 3-2-22　舒适的书房环境布局

④ 书房中固定式书桌的深度在450 ～ 700mm（600mm最佳）之间，活动式书桌的深度在650 ～ 800mm，长度最少900mm（1500 ～ 1800mm最佳），高度在750mm；书柜的标准深度是350mm，宽度通常依据墙面尺寸分组进行设置。

3.2.8　卫生间的设计和尺寸

住宅卫生空间的平面布局与气候、经济条件，文化、生活习惯，家庭人员构成，设备大小、形式有很大关系，因此布局上也有多种形式。

一、浴室

浴室的墙体可以是实体墙也可以是玻璃墙，根据洗浴方式的不同还可以分为淋浴和盆浴。淋浴室一般是透明的玻璃做墙，显得特别有情调。一般固定的淋浴出水处离地面的高度在1.8m左右，这是女性一般伸手可及的最高度，开水阀的位置一般会放置在800 ～ 900mm的位置，浴室的宽度在1.37m，会留有300mm的台区，高度在380mm左右，可以在站累的时候坐下，方便洗刷。还要考虑到儿童身高比较矮，淋浴的喷头尽量设计成上下滑动的，这样就能让儿童方便进行洗浴。如果有老人还可以在墙上900mm左右的位置安置一个扶手，有利于老人走动时的安全。设计盆浴时，浴缸的标准长度一般为1.6m左右，宽度在700mm左右，样式按个人喜好而定。

其开水阀的高度和淋浴的开水阀的差不多。如图3-2-23为浴室常用的尺寸设计数据。

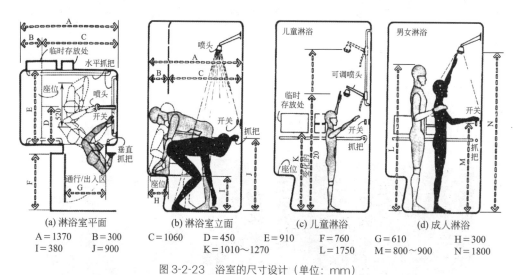

(a) 淋浴室平面 (b) 淋浴室立面 (c) 儿童淋浴 (d) 成人淋浴

A=1370	B=300	C=1060	D=450	E=910	F=760	G=610	H=300
I=380	J=900			K=1010~1270		L=1750	M=800~900	N=1800

图 3-2-23 浴室的尺寸设计（单位：mm）

二、洗漱区域

洗漱区域主要为洗漱台，如图3-2-24为常见的洗漱区环境，洗漱台台面高度一般为1.1m左右，台下一般为空的，以便于放置一些洗漱物品。洗漱盆的长度一般为1.05m左右，下水管在距离地面500mm左右打入墙体内方便打扫卫生，宽度一般为900mm左右，这样可以使两个人同时洗漱。洗漱盆后的镜面底部高度一般在1.35m左右，这样既便于人体站姿时能轻松看到自己，而且还离开洗漱盆足够的距离，以防止洗漱时将水溅到镜面上使镜面模糊。图3-2-25为洗漱区域的常用人体尺寸。

图 3-2-24 洗漱区环境

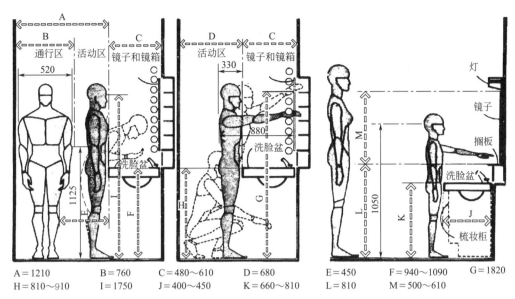

A = 1210　　　　　　B = 760　　　　C = 480～610　　D = 680　　　E = 450　　　　F = 940～1090
H = 810～910　　　　I = 1750　　　　J = 400～450　　K = 660～810　　L = 810　　　M = 500～610　　G = 1820

图 3-2-25　洗漱区域的尺寸设计（单位：mm）

三、坐便器

　　坐便器的放置很重要，其宽度一般为370mm，其长度一般为600mm。坐便器的前方、左方、右方都应留有至少300mm的距离，以便于人们在其周围走动。当人的两肘撑开的时候高度是760mm，坐便器旁边需要设手纸盒，所以尽量要布置在靠墙的一侧且高度在760mm左右，离坐便器的距离一般是300mm。当家里有老人时，应将坐便器的高度定得高一些，增加其高度可以让老人轻松站起，一般定为420mm左右即可，还要根据老人的身高在坐便器两边加上扶手，以便于老人活动，增加其安全性，如图3-2-26坐便器区域的常用人体尺寸。

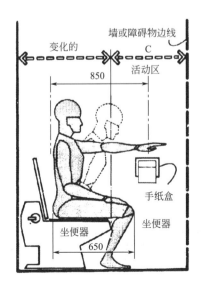

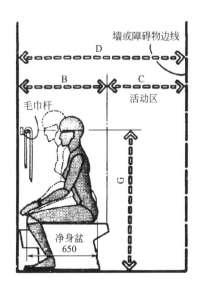

图 3-2-26

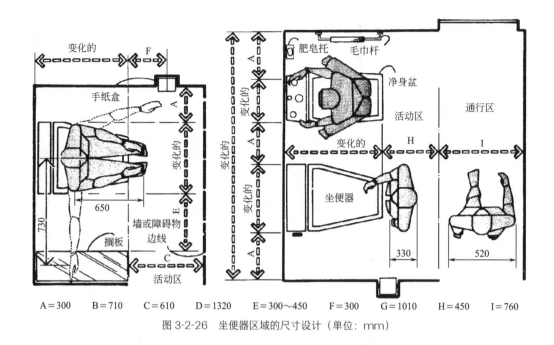

A＝300　　B＝710　　C＝610　　D＝1320　　E＝300～450　　F＝300　　G＝1010　　H＝450　　I＝760

图 3-2-26　坐便器区域的尺寸设计（单位：mm）

3.3　公共空间环境设计

3.3.1　商业空间

商业空间是公众进行购物消费的空间，承担商品流通和信息传递作用，其发展随着市场的日益完善而变化。目前的商业活动已不能等同于一种纯粹性的购买活动，而是一种集购物、休闲、娱乐及社交为一体的综合性活动，因此，商业空间不仅要拥有充足的商品，还要创造出一种适宜的购物环境，满足顾客的多方面要求，使顾客享受到最完美的服务。

一、商业空间的空间划分与处理

商业空间一般由出入口、商品促销区、商品陈列区、商业洽谈区、购物服务区、管理区等主要部分组成，大型的卖场还包含餐饮区、休息区、促销活动区等，如图 3-3-1 所示。

（1）出入口

出入口主要承担交通功能和店面形象展示，它与垂直交通的相互位置可决定客流的动线，应留出足够的交通面积以供顾客进出和停留，出入口的位置、数量和密度都应满足安全疏散的要求。

(a) 出入口

(b) 商品陈列区域

(c) 商业洽谈区域

(d) 购物服务区域

图 3-3-1 商业类空间的常见区域

（2）商品促销区

商品促销区主要承担卖场的促销性功能，可以设置人机促销、环境促销等多种手段，以提高商品的销售量。要针对消费者求实的购买心理，通过灯光、声像突出商品显示效果，从而吸引消费者参观选购，刺激消费者的购买欲望。

（3）商品陈列区

商品陈列区主要承担陈列性功能，应该注意商品陈设的位置和形式，使其具有安全性、易观看性和易取放性。

（4）商业洽谈区

商业洽谈区一般提供沙发、茶几、多媒体设备等，把烦琐的洽谈变为人性化的"会客"交谈，体现人性化的服务理念。

（5）购物服务区与管理区

购物服务区一般有总服务台、导购台、收银台等，设计尺寸应符合人体工程学的要求才能达到舒适使用的目的。

二、商业空间的人体工程学设计要点

商业类空间的设计首先要切合业主定位，符合消费者的心理需求，在布局上，对楼层规划、店面设计、货品摆放、人流动线、通道、出口等因素需要全面考虑（常用人体尺寸见表3-3-1），同时还需充实其整体形象内涵，通过提高整体形象品位来突出设计特色。这样才可能设计出让业主和消费者都感到满意的购物环境。

表3-3-1　商业空间常用人体尺寸　　　　　　　　　单位：mm

类型	宽度	高度
单边双人走道	1600	—
双边双人走道	2000	—
双边三人走道	2300	—
双边四人走道	3000	—
营业员柜台走道	800	—
营业员柜台	600	800～1000
单靠背立货架	300～500	1800～2300
双靠背立货架	600～800	1800～2300
小商品橱窗	500～800	400～1200
陈列地台	—	400～800
敞开式售货架	—	400～600
放射式售货架	2000（直径）	—

3.3.2　展示空间

一、展示功能空间的空间划分与处理

展示功能空间主要包括陈列空间、公共空间和辅助空间。展示设计就是对这些功能空间进行合理的规划，处理好它们在室内空间中的关系，如图3-3-2和图3-3-3所示一些展示功能空间的规划布局情况。

图 3-3-2　展示功能空间环境

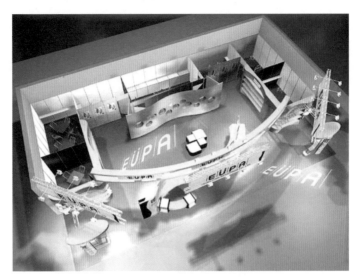

图 3-3-3 展示功能空间的划分

（1）陈列空间

陈列空间指的是展品陈列实际所占用的空间，是展示空间的关键部分。陈列空间是使用电子、网络、影视、音响、灯光等现代化信息手段，通过实物、模型、图片、资料的展示向观众传达展示信息的场所。

（2）公共空间

公共空间是供参观者在参观过程中或参观后使用和活动的空间。公共空间主要包括通道空间和休息空间，商业展示还应包括销售空间和洽谈空间。通道空间要考虑到参观者的流量、流速，以方便参观者的进出、来回观看；休息空间一般设在展示空间内和各功能区域衔接的地方，以方便参观者休息、小憩和短时间交流；销售空间是大型展览中向参观者提供服务的地方，特别是在商业展示中，销售空间是必不可少的；洽谈空间是参观者与参展商进行交流的地方，在展销会、贸易洽谈会等商业展示活动中，洽谈空间的设置十分重要，是商业展示能否达到目的的关键所在。

（3）辅助空间

辅助空间主要包括：工作人员空间、储藏空间和维修空间。辅助空间一般设在较隐蔽的地方，以不破坏展示环境的整体视觉效果和安全、实用为原则。

二、展示环境的人体工程学设计要点

（1）参观线路

参观路线除特别的展览要求外一般是顺时针方向，如果陈列中国古代书画，则可以逆时针方向。有些展览或陈列对参观的顺序性要求较高，如历史、自然、科技等内容，而有些展示不要求严格的顺序性，像商贸、工艺美术和展销会等。参观路线设计的原则要做到连贯性强、鲜明易辨、不交叉、不逆流、不漏看。跨度大的展厅（陈列室）一般采用多线陈列，展览过程中的交通形式如图3-3-4所示，有走道式、聚散式和串联式。

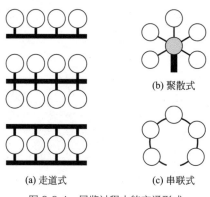

(a) 走道式　　(b) 聚散式　　(c) 串联式

图 3-3-4　展览过程中的交通形式

（2）通道宽度

参观路线的通道宽度是由观众的多少、展品的大小和参观时要求的视距等因素决定的。通道有主通道和次通道之分，一般是以人流的股数来计算的（每股人流以0.6m计算）。主通道宽度一般为8～10股人流（4.8～6m），次要通道是5～8股人流（3～4.8m），需要环视的展台周围的通道不得窄于3股人流（1.8m）。大件展品视距要大，通道自然要宽。观众人流多时，通道也要宽。

（3）陈列密度

陈列密度是指展品和道具所占展厅地面与墙面面积的百分比。陈列密度过大时，容易使观众疲劳，也会造成参观人流堵塞，给观众心理造成紧张感，使展示效果降低；陈列密度过小时，则会使观众感到展厅内太空旷、展览内容太贫乏。陈列密度一般控制在40%～60%之间较为适宜。

（4）陈列高度

展示陈列高度不应过高或过低。否则，既会影响展示的效果，又会使观众容易疲劳。墙面和展板上的展品陈列地带，一般是从距离地面800mm起（也可以从900mm或1200mm起），上至3200mm为止。我国人体标准身高如果以1670mm计算（这是男性，女性大约是1520mm），最佳陈列高度应定在距地127～1870mm之间。墙面和展板上的最佳展示陈列区域是在标准视线高以上200mm以下400mm之间的600mm宽的横带上，重点的展品放在这个陈列高度或陈列带内，最容易引起观众的注意，因而展示效果也最佳。图3-3-5为陈列的高度和视野高度的范围。

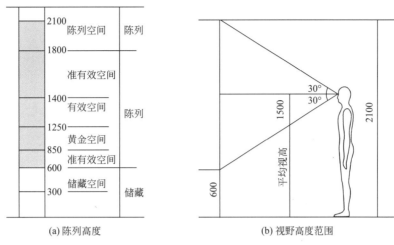

(a) 陈列高度

(b) 视野高度范围

图 3-3-5 陈列的高度和视野高度的范围（单位: mm）

（5）视角与视距

展示陈列的视角与视距处理适当, 才能使参观者看到展品的全貌并看得舒服。能使参观者看到展品全貌的正常竖向视角, 通常定为 ≥ 26°, 能看清物体全貌的正常横向视角, 一般均为 ≥ 45°。观看墙面和展板上的平面展品, 应该使主视线与墙面、板面或画面垂直, 才能得到最佳展示效果, 图 3-3-6 为人体的最佳视野范围。

参观的视距是由竖向和横向视角决定的。视距一般应该是展品高度的 1.5 ~ 2 倍, 展品小, 视距也小; 反之, 视距也就大。另外, 视距也与展厅内的照度有着直接的关系: 展厅内光线充足、照度较高时, 视距可以大; 反之, 视距就小。这样才能看清展品。

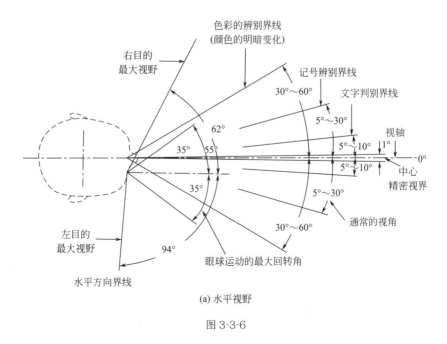

(a) 水平视野

图 3-3-6

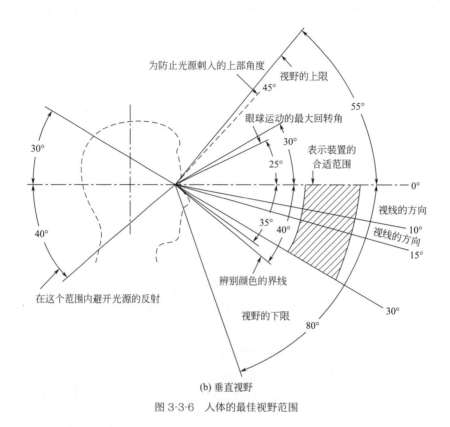

为防止光源刺入的上部角度

视野的上限

45°

眼球运动的最大回转角

30°

55°

表示装置的合适范围

25°

30°

0°

视线的方向

35° 40°

辨别颜色的界线

视线的方向

10°

15°

在这个范围内避开光源的反射

视野的下限

80°

30°

(b) 垂直视野

图 3-3-6　人体的最佳视野范围

（6）展示道具的合理选择

展柜一般分为博物馆用展柜和展览用以及商业环境用展柜。展柜可以极好地保护展品，免受人的触摸及有害气体的侵蚀等；栏杆可以起到隔离展品与观众的作用，提醒观众爱护展品；花槽一般设在展板下或展台旁、屏风前，也可以独立放置，它能起到美化环境和烘托气氛的作用。用展台陈列展品是常用的陈列手法之一，展台的平面形态、高度尺寸、平面尺寸等可以有多种变化。一般来说，大件展品使用矮展台，小件展品使用高展台，中等大小的展品采用中高度的展台来展示。例如，与真人等高或比真人高的大件雕刻品，展台高采用100～300mm；一般的工艺美术品、古玩（台灯、青铜器、小件木雕、唐三彩等），展台高度为1200～1500mm，小料器、绒鸟等小件展品，台面的高度还可以高一些；家电产品（台扇、电视机、录像机、音响设备等），陈列用的展台高度多为800～1200mm。在展台上部吊顶上可以安装吊灯或射灯，也可以在展台上放置地灯（角灯），对展台上的展品进行照明，使展品得到突出，图3-3-7为一些常见的展示道具。

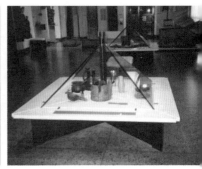

图 3-3-7　各类展示道具的使用

3.3.3　餐饮空间

一、餐饮空间的空间划分与处理

餐饮空间的内部从功能上一般可分为等位区、用餐区（包括宴会厅、餐厅、包房、散座、卡座等）、操作区、服务区、管理区等，如图3-3-8所示几种不同风格的就餐空间。

(a) 甜品店

(b) 中餐厅

(c) 西餐厅

(d) 宴会厅

图 3-3-8　几种不同风格的就餐空间

（1）等位区

等位区主要是供客人等候座位时休息用，一般配有沙发、茶几及书籍报刊，是餐饮类空间最能体现人气的区域，其休息位的数量应根据整个餐饮空间的座位数量配比。

（2）用餐区

用餐区是顾客用餐的区域，包括宴会厅、零点餐厅、包房、散座、卡座等多种形式。宴会厅的就餐方式常分主宾循序渐进，程序性、礼仪性十分强。宴会厅的入口可设接待处、衣帽间和宴会前宾客聚集、交往、休息的活动空间，可设计活动隔断灵活分隔空间以适用不同的使用需求。散座餐厅的空间应多样化，有利于保持各餐位之间的互不干扰。

（3）操作区

餐饮类空间的操作区一般由厨房、配菜间、明档、水果房等组成，是设施设备最集中的区域，应充分考虑设备的安装尺寸和进料设备的通行尺寸。在厨房内，原料的装卸、储存、冷藏、加工至送出和餐具的回收、清洗、储存至送出都应具备方便有效的交通流线。

（4）服务区和管理区

服务区的位置应根据顾客座位的分布来设置，尽量让服务区照顾到每一位顾客。总服务台应设在显著的位置上，服务台的周围应有宽敞空间，长度的设计要考虑工作人员的数量和服务范围。

二、餐饮空间的人体工程学设计要点

餐厅的入口应宽松些，避免人流阻塞，入口通道应直通柜台或接待台，大型的较正式的餐厅还可设客人等候席。客席的环境中，小型餐厅的客席面积占整个面积的50%左右，中型餐厅的客席面积占整个面积的70%左右，大型餐厅的客席面积占整个面积的65%左右。厨房平均占整个餐厅面积的20%左右，服务台的位置可根据客席位置而定，小型餐厅只设收款台，一般在餐厅入口一侧；中型餐厅和大型餐厅要设置服务台；客席面积大的，设置两个或两个以上的服务台，常设置在客席区边上。

餐桌的平面样式应根据客人对象而定：以零散客人为主的适宜用两人桌、四人桌；以团体客人为主的可设置六人以上座位，中式餐厅六人以上座位常用大圆桌，而西式餐厅则多用长方形餐桌。

餐桌的分布形式应考虑桌的形式美和中、西方的不同生活习惯：中式餐厅常按桌位多少采取品字形、梅花形、方形、菱形、六角形；西式餐厅常采取长方形、T形、U形、口字形；自助餐的食台，常采用V形、S形、C形和椭圆形。

餐桌中圆桌的尺寸通常直径为：二人500mm、三人800mm、四人900mm、五人1100mm、六人1200mm（这几种规格圆桌人均占有弧长为600～800mm，以满负荷使用计算，一般固定其尺寸来使用）；八人1300～1400mm，十人1500～1600mm，十二人1800～2000mm（此类推下去规格，人均占弧长控制在500～550mm，考虑非满负荷使用状况，餐桌转盘直径为700～800mm），如图3-3-9所示为餐饮空间的常用尺寸及活动范围。

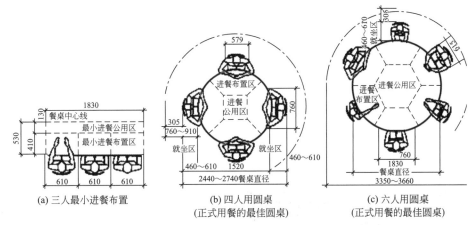

图3-3-9　餐饮空间的常用尺寸及活动范围（单位：mm）

酒吧间及咖啡厅家具的形状多以简洁明快为主，追求一种随意的气氛，家具主要有柜台、餐桌、酒吧座和普通座椅。酒吧固定椅高750mm，吧台高1050mm（靠服务员一边高为900mm），搁脚板高250mm。柜台通常由两个台面组成，一个为用于配制饮料的服务台面，另一个外挑出为宾客使用的台面，酒吧台后设酒吧柜，如图3-3-10所示为吧台区域常用的人体尺寸。

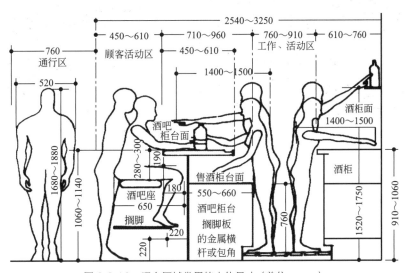

图3-3-10　吧台区域常用的人体尺寸（单位：mm）

3.3.4 办公空间

如果说居住类空间是温暖的、富有亲情的、具有休息与放松氛围的，那么办公类空间则是高效率、竞争性、级别分明的，是理性的工作场所。办公空间室内设计最大目标就是要为工作人员创造一个舒适、方便、卫生、安全、高效的工作环境，以便更大限度地提高员工的工作效率，并建立一种人与人、人与工作的融洽氛围。

一、办公空间的空间划分与处理

办公类空间从所属上可分为行政性办公空间、商业性办公空间、综合性整体办公楼等类型，如图3-3-11所示几种不同风格类型的办公空间。其空间形态可概括为四大类：蜂巢型、密室型、小组型及俱乐部型。企业和部门的工作特性对办公类空间的设计风格起决定作用。

图 3-3-11　几种不同风格类型的办公空间

完整的办公类空间一般由进厅、员工办公室、管理者办公室和会议室等主要部分组成，另外包含资料室、档案室、储藏室、会客室等辅助房间和卫生间、更衣室、茶水供应室等服务房间。

（1）进厅

进厅是企业带给客户第一印象的场所，一定程度上体现整个办公空间的设计的风格。进厅一般有接待、收发等服务性功能，设计时需要对企业形象有准确的定位，并清晰地将企业文化内涵表现出来。

（2）员工办公室

员工办公室设计中是既可以采用封闭式布局，也可以采用开放式，封闭式员工办公室一般为个人或工作组共同使用，其布局应按工作的程序来安排每位职员的位置及办公设备的放置；开放式员工办公室是一个开敞的空间，由若干员工及管理人员共同使用，又可分为集中式办公室和景观式办公室。开敞空间办公强调信息交流的功能，有较高的灵活性和利用度，有助于简化管理，员工办公室的设计原则需依据办公性质进行考量确定，如图3-3-12所示为员工办公环境的几种布局样式。

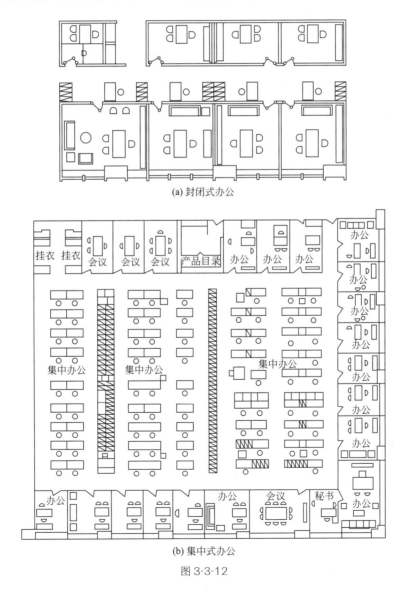

(a) 封闭式办公

(b) 集中式办公

图 3-3-12

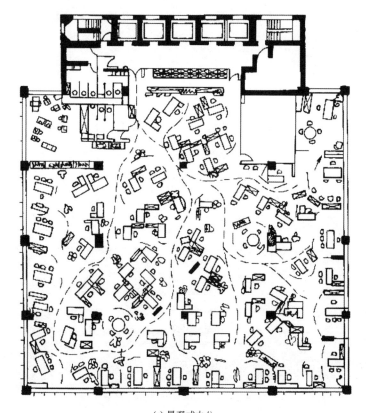

(c)景观式办公

图 3-3-12　员工办公环境的几种布局样式

（3）管理者办公室

管理者办公室就是主管人员的独用办公室。与一般员工办公室不同的是，管理者办公室的设计与管理人员的级别地位有直接联系，可根据工作地位、访问者人数等确定面积与设计风格。

（4）会议室

会议室是用来议事、协商的空间，它可以为管理者安排工作和员工讨论工作提供场所，有时还可以承担培训和会客的功能。会议室内一般配置多媒体设备和会议桌椅，须根据人数的多少、会议的形式、会议的级别等因素来确定座位布置形式，图 3-3-13 为几种类型的会议室。

二、办公空间的人体工程学设计要点

设计办公空间时，应深入了解企业文化和内部机构设置，设计出能反映该企业风格与特征的办公空间，设计中注重营造办公空间的秩序感，如家具样式与色彩的统一，平面布置的规整性，隔断高低尺寸与色彩材料的统一等，合理的室内色调

(a) 小型会议室   (b) 中型会议室

(c) 大型会议室

图 3-3-13 几种类型的会议室

及人流的导向都与秩序密切相关，可以说秩序在办公室设计中起着最为关键性的作用；办公空间的布局应着重考虑其工作的性质、特点及各工种之间的内在联系。总体环境色调淡雅明快可给人一种愉快心情，给人一种洁净之感，同时也可以增加室内的采光度。办公空间常用尺寸如图3-3-14所示。

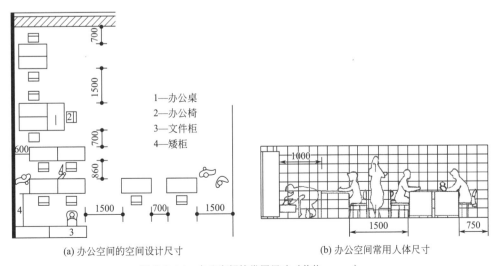

1—办公桌
2—办公椅
3—文件柜
4—矮柜

(a) 办公空间的空间设计尺寸   (b) 办公空间常用人体尺寸

图 3-3-14 办公空间的常用尺寸（单位：mm）

3.4 无障碍设计

3.4.1 无障碍设计的概念

无障碍设计——这个概念名称始见于1974年，是联合国组织提出的设计新主张。无障碍设计强调在科学技术高度发展的现代社会，一切有关人类衣食住行的公共空间环境以及各类建筑设施、设备的规划设计，都必须充分考虑具有不同程度生理伤残缺陷者和正常活动能力衰退者（如老年人）群众的使用需求，配备能够应答、满足这些需求的服务功能与装置，营造一个充满爱与关怀、切实保障人类安全、方便、舒适的现代生活环境。

无障碍设计的理想目标是"无障碍"。基于对人类行为、意识与动作反应的细致研究，致力于优化一切为人所用的物与环境的设计，在使用操作界面上清除那些让使用者感到困惑、困难的"障碍"，为使用者提供最大可能的方便，这就是无障碍设计的基本思想。在此基础上，更加广义的通用化设计概念的提出，更加全面地扩展了传统无障碍设计的含义。

3.4.2 通用化设计的七原则

一、平等的使用方式

不区分特定使用族群与对象，提供一致而平等的使用方式。

① 所有用户使用该产品的使用方式应该是相同的：尽可能完全相同，其次求对等。

② 避免使用者产生隔离感及挫折感。

③ 提供所有使用者同样的隐私权、保障和安全。

④ 使所有使用者对产品的设计感兴趣，有使用愉快的感觉。

二、通融性的使用方式

设计要对应使用者广泛的个人喜好和能力。

① 提供多元化的使用选择。

② 提供左右手皆可以使用的机会。

③ 帮助使用者正确的操作。

④ 提供使用者合理通融的操作空间。

三、简单易懂的操作设计

不受使用者的经验、知识、语言能力等因素影响，皆可容易操作。

① 排除不必要的复杂性。

② 与使用者的期待和直觉必须一致。

③ 不因使用者的理解力及语言能力不同而形成困扰。

④ 将信息按重要性来排列。

⑤ 能有效提供在使用中或使用后的操作回馈说明。

四、提供可察觉的信息

无论使用者四周的情况或感觉能力如何，都应该把必要的信息迅速而有效率地传递给使用者。

① 以视觉、听觉、触觉等多元化的手法传达必要的资讯。

② 在周围环境中突出必要信息。

③ 最大化基本信息的"可读性"。

④ 把各个元素按照描述的方式分类，从而以更容易的方式给出使用说明。

⑤ 透过辅具帮助视觉、听觉等有障碍的使用者获得必要的资讯。

五、容错的设计考量

不会因错误的使用或无意识的行动而造成危险。

① 让危险及错误降至最低，使用频繁部分的设计应容易操作、具保护性且远离危险。

② 操作错误时提供危险或错误的警示说明。

③ 即使操作错误也具安全性。

④ 避免在操作中做出无意义的动作，尤其要避免具有危险性的动作。

六、有效率的轻松操作

提出有效率、轻松又不易疲劳的操作使用感受。

① 使用者可以用自然的姿势操作。

② 使用合理力量进行操作。

③ 减少重复的动作。

④ 减少长时间的使用对身体的负担。

七、易于接近和使用的尺寸与空间

提供任何体格、姿势、移动能力都可以轻松地接近、操作的空间。

① 对使用者提供不论采取站姿或坐姿都显而易见的视觉讯息。

② 对使用者提供不论采取站姿或坐姿都可以进行舒适操作的使用条件。

③ 对应手部及握拳尺寸的个人差异。

④ 提供足够空间给辅具使用者及协助者。

3.4.3 建筑无障碍设计的内容及一般原则

新的无障碍设计概念，不仅仅是传统意义上的、广为大众所理解的硬件设施上的无障碍设计，例如为行动不便人士与老幼者设置的高低差异设备、盲道、坡道、扶手等常见的无障碍硬件设施，无障碍设计还应当从以下几个方面考虑：一是不同人群的一般行为特点带来的潜在危险，二是不同肢体部位残疾者使用不同的无障碍设计，三是特殊情况下的无障碍设计。

① 能力弱者——儿童及老年人。儿童生理和心理特点达不到城市公共空间活动的普遍要求，会对自身造成伤害，如对成年人不造成影响的缝隙，可能会卡住儿童的头、手、脚等肢体；老年人由于生理特点，机体功能逐渐衰退带来行动上的障碍。

② 下肢残疾者——乘坐轮椅、拄拐杖。要求：a.门、走道、坡道尺寸及行动的空间均以轮椅通行要求为准则，坡道平缓，设有双向扶手；b.上下楼应有升降设备；c.残疾人专用卫生间及相关设施；d.地面平整、坚固、不滑、不积水、无缝及大孔洞；e.通道及设施应有明显的标志；f.尽量避免使用旋转门和双向弹簧门。

③ 视力残疾者——盲人、低视力或弱视者。要求：a.简化行动路线，布局平直，地面及周边环境无意外变动及突出物；b.利用触觉、听觉等信息进行引导，如盲道、扶手、盲文标志、音响信号等；c.对弱视者可采取加强光照、加大标志图形、利用色彩反差等强化视觉信息的方法。

④ 特殊情况，出现概率相对较小，但破坏性较大，例如天气对设施的影响：大风暴雨会干扰人们的视线和行动稳定性，造成危险增加；过热或过冷的气候会影响身体感受进而影响到行为。建筑的内外环境设计必须考虑到各种气候的影响，增加安全性和舒适性。

3.4.4 无障碍设施设计细则

一、出入口

所有通往主要出入口及无障碍出入口的人行道都需要为视觉及肢体残障人士提供一个安全、直接、平整的无障碍通道。

① 入口或无障碍出入口的无障碍通道，推荐路宽为1800mm，最小值为1200mm，由防滑材料构成。

② 无障碍通道路线设计应简洁，避免与车行路线交叉。

③ 当无障碍通道路线与车行路线交叉的情况下，应控制合适的坡道坡度，并且须设置显著色彩或特殊铺装加以提示。

④ 人行道的纵坡坡度不应超过5%或1∶20（图3-4-1）。当地形陡峭必须设台阶时，附近应设坡道。

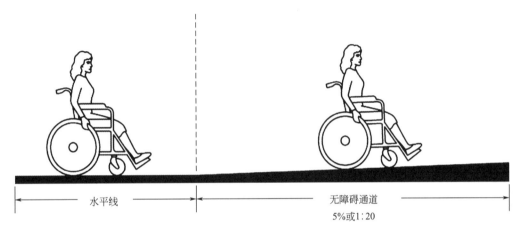

图3-4-1　无障碍通道坡度

⑤ 当通往主入口或无障碍入口的坡道长度大于30m时，建议每30m设置一休息平台。

⑥ 休息平台应设于无障碍通道的一侧，不影响正常通行，平台面积不少于1200mm×1200mm，其中包括座凳和轮椅停放的空间。

二、停车场

① 无障碍停车位距离主要出入口或无障碍出入口应在30m之内。

② 距出入口最近的停车位置，应划为无障碍专用停车位。

③ 在多层或地下停车库中，应在最易接近处设置无障碍停车位。

④ 无障碍停车位的地面应平整、坚实、不积水，地面坡度不应大于1∶50。

⑤ 停车位的一侧应设宽度不小于1200mm的轮椅通道。

⑥ 设有指定的、受保护的无障碍通道，便于从无障碍停车位直接通往主要出入口或无障碍出入口。

⑦ 停车位的地面应涂有停车线、轮椅通道线和无障碍标志，在停车位的末端设无障碍标志牌（见图3-4-2）。

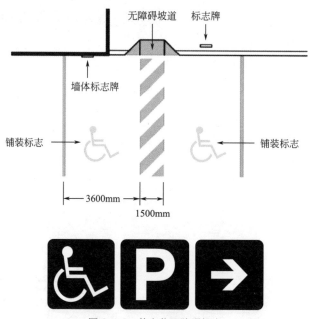

图 3-4-2　停车位无障碍标志

⑧ 无障碍停车位数目比例建议见表3-4-1。

表3-4-1　无障碍停车位数目比例建议

停车场车位总数	应设无障碍停车位数目
1～50	1
51～150	2
151～250	3
251～350	4
351～450	5
450以上	6

注：如为长者和残障人士而设的公园项目，建议无障碍停车位的数目应多于以上的配额。

三、公园内道路

公园中无障碍道路设计应结合园林景观设计自然景物，增加道路趣味性，避免形式过于呆板，影响公园景观质量。

① 主要园路应具有引导游览的作用，设盲道及盲文指示牌，易于识别方向。

② 条件允许情况下，道路及人行路的纵坡坡度不应超过1：20。

③ 只要有可能，尽量保持道路平缓，将坡度控制在最小值。

④ 当高差变化较大，1：20的纵坡坡度无法满足，必须设台阶的情况下，应妥善设计坡道，使坡道通行长度尽量短，方便残障人士使用。

⑤ 当人行道侧面凌空，或路边坡横向坡度大于3∶1时，须明确边界的边缘，围栏下应设不大于150mm的安全挡墙，以提醒视觉障碍人士（见图3-4-3）。

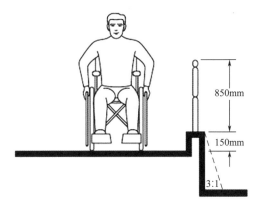

图 3-4-3 安全挡墙尺寸

⑥ 当道路侧面高差超过460mm的情况下，建议设置扶手或围栏（见图3-4-4）。

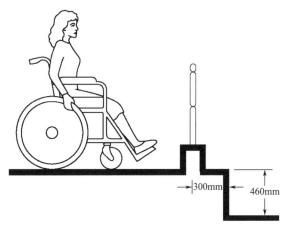

图 3-4-4 扶手围栏尺寸

四、坡道

当纵坡坡度超过1∶20时，须设坡道且应满足以下标准。

① 坡道坡度最大不宜超过1∶12，且单段坡道长度不得超过9m，超过9m时设休息平台。

② 当空间足够时，首选设计坡度为1∶15。

③ 因受场地限制新建或改建的园路，坡道采用（1∶10）～（1∶8）的坡度时，其水平长度、高度、扶手设置应符合规范要求。

④ 供轮椅通行的坡道应设计成直线形、直角形或折返形，不宜设计成弧形。

⑤ 坡道两侧应设高650mm和850mm两道扶手，坡道与休息平台的扶手应保持

连贯。坡道侧面凌空时，在扶手栏杆下端宜设高不小50mm的坡道安全挡台。

⑥ 坡道起点、终点和中间休息平台的水平长度不应小于1500mm。

⑦ 不同位置的坡道，其坡度和宽度应符合表3-4-2的规定。

表3-4-2　坡道的坡度及宽度

位置	坡度	宽度/m
室外通路	1：20	≥1.50
困难地段	1：10	≥1.20

⑧ 坡道在不同坡度的情况下，高度和水平长度应符合表3-4-3的规定。

表3-4-3　坡道的高度及水平长度

类别	坡度				
	1：20	1：16	1：12	1：10	1：8
最大高度/m	1.50	1.00	0.75	0.60	0.35
水平长度/m	30.0	16.0	9.0	6.0	2.8

⑨ 坡道的坡面应平整，不应光滑。

五、台阶

无障碍楼梯与台阶设计要求应符合表3-4-4的规定。

表3-4-4　无障碍楼梯与台阶设计要求

类别	设计要求
形式	① 应采用有休息平台的直线梯段和台阶 ② 不应采用无休息平台的楼梯和弧形楼梯 ③ 不应采用无踢面和突缘为直角形的踏步
宽度	① 宽度最小值为1.2m ② 一般设计值应大于1.5m
扶手	① 室外台阶超过3步者，须设扶手 ② 扶手应两侧设置，且连续、光滑 ③ 当室外台阶宽度大于2.4m时，建议在中央设置扶手
踏面	① 应平整、稳固、防滑 ② 明步踏面应设不小于50mm的安全挡台 ③ 台阶前沿应明显区别，由明亮的色彩，或者（包括）不同的材质来区分
盲道	① 楼梯所有台阶的踏面都应有拐杖可探测的纹理 ② 距踏步的起点和终点250～300mm应设提示盲道
尺寸	① 室外台阶踏步的最小宽度为300mm ② 室外台阶踏步的最大高度为140mm

六、公园内建筑物、室内设备

无障碍部位：建筑入口、建筑内部残疾人有使用要求的房间和场所，如观演区、表演区、公共电话、饮水器等相应设施。

（1）建筑入口

① 建筑入口为无障碍入口时，入口室外的地面坡度不应大于1∶50。

② 公共建筑入口设台阶时，必须设轮椅坡道和扶手。

③ 建筑入口轮椅通行平台最小宽度应符合表3-4-5的规定。

表3-4-5　建筑入口轮椅通行平台宽度

建筑类别	入口平台最小宽度/m
大、中型公共建筑	≥2.00
小型公共建筑	≥1.50

④ 无障碍入口和轮椅通行平台应设雨棚。

⑤ 入口门厅、过厅设两道门时，门扇同时开启最小间距应符合表3-4-6的规定。

表3-4-6　门扇同时开启最小间距

建筑类别	门厅门扇间距最小宽度/m
大、中型公共建筑	≥1.50
小型公共建筑	≥1.20

（2）通道、走道及地面

① 乘轮椅者通行的走道和通路最小宽度应符合表3-4-7的规定。

表3-4-7　轮椅通行最小宽度

建筑类别	轮椅通行最小宽度/m
大型公共建筑走道	≥1.80
小型公共建筑走道	≥1.50
检票口、结算口轮椅通道	≥0.90
建筑基地人行通路	≥1.50

② 人行通路和室内地面应平整、不光滑、不松动和不积水。

③ 使用不同材料铺装的地面应相互取平，如有高差时不应大于15mm，并应以斜面过渡。

④ 人行通道和建筑入口的雨水箅子不得高出地面，其孔洞不得大于15mm×15mm。

⑤ 门扇向走道内开启应设凹室，凹室面积不应小于1.30m×0.90m。

⑥ 从墙面伸入走道的突出物不应大于0.10m，距地面高度应小于0.60m。

⑦ 主要供残疾人使用的走道与地面应符合下列规定：

a.走道宽度不应小于1.80m；

b.走道两侧应设扶手；

c.走道两侧墙面应设高350mm护墙板；

d.走道及室内地面应平整，并应选用遇水不滑的地面材料；

e.走道转弯处的阳角应为弧墙面或切角墙面；

f.走道内不得设置障碍物，光照度不应小于120lx。

⑧ 在走道一侧或尽端与其他地坪有高差时，应设置栏杆或栏板等安全设施。

（3）门

供残疾人使用的门应符合下列规定。

① 应采用自动门，也可采用推拉门、折叠门或平开门，不应采用力度大的弹簧门。

② 在旋转门一侧应另设残疾人使用的门。

③ 轮椅通行门的净宽应符合表3-4-8的规定。

表3-4-8　轮椅通行门的净宽

类别	净宽/m
自动门	≥1.00
推拉门、折叠门	≥0.80
平开门	≥0.80
弹簧门（小力度）	≥0.80

④ 乘轮椅者开启的门扇，应安装视线观察玻璃、横执把手和关门拉手，在门扇的下方应安装高350mm的护门板。

⑤ 门扇在一只手操纵下应易于开启，门槛高度及内外地面高差不应大于15mm，并应以斜面过渡。

（4）电梯及升降平台

① 在公共建筑中配备电梯时，必须设无障碍电梯。

② 候梯厅的无障碍设施与设计要求应符合表3-4-9的规定。

表3-4-9　候梯厅的无障碍设施与设计要求

设施类别	设计要求
深度	候梯厅深度大于或等于1.80m
按钮	高度0.9~1.10m
电梯门洞	净宽度大于或等于0.90m
显示于音响	清晰显示轿厢上、下运行方向和层数位置及电梯抵达音响
标志	a.每层电梯口应安装楼层标志 b.电梯口应设提示盲道

③ 残疾人使用的电梯轿厢无障碍设施与设计要求应符合表3-4-10规定。

表3-4-10　残疾人电梯轿厢无障碍设施与设计要求

设施类别	设计要求
电梯门	开启净宽度大于或等于0.80m
面积	轿厢深度大于或等于1.40m，宽度大于或等于1.10m
扶手	轿厢正面和侧面应设高0.80~0.85m的扶手
选层按钮	轿厢侧面应设高0.90~1.10m带盲文的选层按钮
镜子	轿厢正面高0.90m处至顶部应安装镜子
显示与音响	轿厢上、下运行及到达应有清晰显示和报层音响

④ 只设有人、货电梯时，应为残疾人、老年人提供服务。

⑤ 供乘轮椅者使用的升降平台应符合下列规定：

a.建筑入口、大厅、通道等地面高差处，进行无障碍建设或改造有困难时，应选用升降平台取代轮椅坡道；

b.升降平台的面积不应小于1.20m×0.90m，平台应设扶手或挡板及启动按钮。

（5）公园内运动设施

园内的运动场所分为专用运动场和一般的健身运动场。专用运动场除应按其技术要求由专业人员进行设计，还应考虑无障碍的可达性。

健身运动场的无障碍设计要点如下。

① 不允许有机动车和非机动车穿越运动场地。

② 地面宜选用平整防滑适于运动的铺装材料，同时满足易清洗、耐磨、耐腐蚀的要求。广场铺装以硬质材料为主，不宜采用无防滑措施的光面石材、地砖、玻璃等。

③ 室外健身器材要考虑残障人士的使用特点，要采取防跌倒措施。适合残障人

士使用的活动器械，其设计应尺度适宜，避免被器械划伤或从高处跌落，可设置保护栏、柔软地垫、警示牌等。

④ 休息区布置在运动区周围，座椅及直饮水装置（饮泉）应考虑无障碍设计。

⑤ 保证适度的灯光照度。

（6）公厕

① 公共厕所无障碍设施与设计要求应符合表3-4-11的规定。

表3-4-11　公共厕所无障碍设施与设计要求

设施类别	设计要求
入口	入口净宽不应小于0.8m
门扇	门扇宜向外开启，门扇内侧应设关门拉手
通道	地面应防滑和不积水，宽度不应小于1.50m
洗手盆	a.距洗手盆两侧和前缘50mm应设安全抓杆 b.洗手盆前应有1.10m×0.80m乘轮椅者使用面积
男厕所	a.小便器两侧和上方，应设宽0.60～0.70m、高1.20m的安全抓杆 b.小便器下口距地面不应大于0.50m
无障碍厕位	a.男、女公共厕所应各设一个无障碍隔间厕位 b.新建无障碍厕位面积不应小于1.80m×1.40m c.改建无障碍厕位面积不应小于2.00m×1.00m d.坐便器高0.45m，两侧应设高0.70m水平抓杆，在墙面一侧应设高1.40m的垂直抓杆
安全抓杆	a.安全抓杆直径应为30～40mm b.安全抓杆内侧应距墙面40mm c.抓杆应安装坚固

② 专用厕所无障碍设施与设计要求除应符合表3-4-11的规定外，还应符合表3-4-12的规定。

表3-4-12　专用厕所无障碍设施与设计要求

设施类别	设计要求
设置位置	公园的主要地段，应设无障碍专用厕所
门扇	应采用门外可紧急开启的门插销
面积	面积应≥2.00m×2.00m
放物台	长、宽、高为0.80m×0.50m×0.60m，台面宜采用木制品或革制品
挂衣钩	可设高1.20m的挂衣钩
呼叫按钮	距地面高0.40～0.50m处应设求助呼叫按钮

（7）售票机

① 位于无障碍通道一侧，无障碍通道可以直接通达。

② 投币操作区高度不大于900mm，并且易于单手操作。

③ 各项操作提示用显著字体、色彩加以区分。

④ 设有盲文提示，建议设语音提示。

（8）公用电话亭

公用电话亭设计要点如下（见图3-4-5和图3-4-6）。

① 城市园林、绿地区域内的公用电话亭，每处必须保证至少设置一部无障碍电话。

② 无障碍电话的话机和投币孔的高度不得超过1200mm。

③ 当设有隔板和休息空间时，每个电话间的宽度不小于760mm，隔板高度应不小于2.00m，地面到搁板净高不小于685mm。

④ 电话应设于通道一侧，行进通道中应避免障碍物，否则，应有清晰指示，应留有轮椅自由移动回旋的足够空间。

⑤ 公用电话的灯光照度应至少为100lx。

⑥ 无障碍公用电话应清晰标有无障碍国际通用标识。

⑦ 当公用电话超过一部时，应设置听觉障碍人士或聋人使用的专用电话（如设有助听器或音量调节装置），并且用国际通用标识清晰表明。

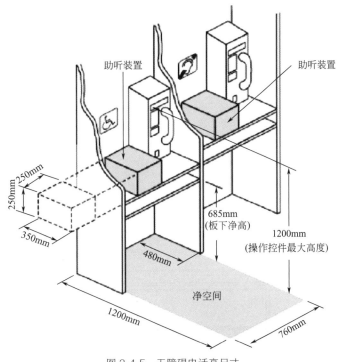

图 3-4-5　无障碍电话亭尺寸

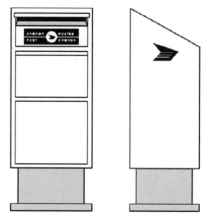

图 3-4-6　公用电话亭无障碍国际通用标识

（9）长凳、野外桌

长凳、野外桌设计要点如下（见图 3-4-7）。

① 室外长椅或座凳应设于通道一侧坚实的地面上，铺装应平整、防滑。

② 固定座椅应设有舒适的靠背和扶手方便身体移动，座凳高度介于400mm与450mm之间。

③ 座椅侧边应设轮椅停留空间，宽度为1200mm，最小值为1050mm。

④ 室外野餐桌设点，应设置无障碍野餐桌，有无障碍通道可以直接通达。

⑤ 野餐桌应设于平整、坚实地面上。

⑥ 桌下空间应有700mm的净高，宽度至少760mm。

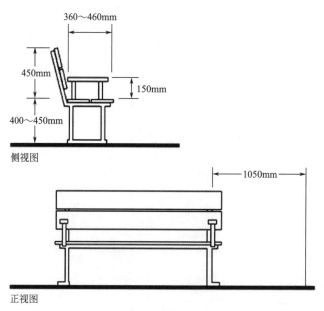

图 3-4-7　固定座椅尺寸设定

（10）饮水处

饮水机设计要点如下（见图3-4-8）。

① 室外公用饮水处应安全设置，并且保证膝下空间有700mm的净高，以方便轮椅活动。

② 当饮水处设于凹处（如在一个凹室中），应保证其空间的宽度不小于760mm。

③ 出水口的高度不超过900mm，并且易于单手操作。

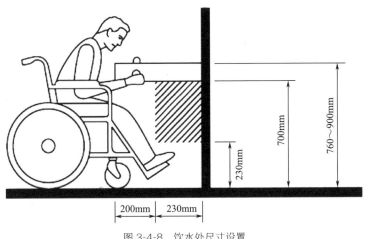

图 3-4-8　饮水处尺寸设置

（11）引导、警示标志

无障碍通道、停车位、建筑入口、公共厕所、电话亭等无障碍设施的位置与走向，应安要求设国际通用的无障碍标志牌。

（12）扶手

① 当超过三步台阶时应在台阶两侧设连续扶手。

② 观景平台或观演台的扶手设计应通透，使坐轮椅的人能够透过栏杆看到前方。

③ 扶手设置距离车行道边缘应 > 1.00m。

④ 坡道、台阶及楼梯两侧应设高0.85m的扶手；设两层扶手时，下层扶手高应为0.65m。

⑤ 扶手起点与终点处外延伸应大于或等于0.30m。

⑥ 扶手末端应向内拐到墙面，或向下延伸0.10m，栏杆式扶手应向下成弧形或延伸到地面上固定。

⑦ 扶手应安装坚固，外表平滑，设计易于抓握，直径不超过50mm，扶手内侧距墙体距离应为40 ～ 50mm（见图3-4-9）。

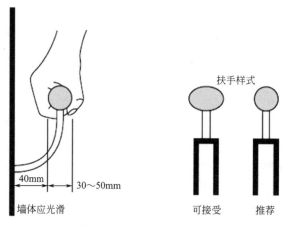
图 3-4-9　安全扶手尺寸设定

⑧ 安装在墙面的扶手托件应为L形，扶手和托件的总高度宜为70～80mm。

⑨ 高差变化大时，距离扶手起始处0.3～0.5m处应设警戒标志。

⑩ 附近有景点时，扶手的起点与终点处应设盲文说明牌。

（13）园路铺装

采用方便行进的铺装材料，其表面应平整、防滑，铺装材料接缝宽不超过5mm，板缝竖向高差不超过2mm，以减小绊倒危险，使残障人士行进顺畅（见图3-4-10）。

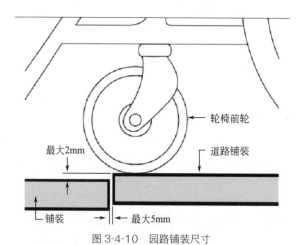
图 3-4-10　园路铺装尺寸

① 所有的铺装都应易于排水。

② 下水算子应设于人行道的一侧，算子方向应与行进方向垂直，并且开口宽度不得超过13mm（见图3-4-11）。

③ 所有的台阶用防滑材料且前沿用高反差材料加以突出。

④ 所有坡道表面材料必须坚实且防滑（例如：与行人方向相垂直设纹理）。

⑤ 扶手和栏杆应是连续的、平滑的，并且易于维护。

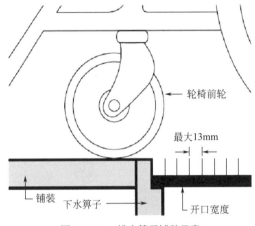

图 3-4-11　排水算子铺装示意

⑥ 与斜坡或楼梯毗连墙壁的过渡应平整。

⑦ 步行道铺装最好是平整的，当使用块状铺装时，垫层必须坚实、稳定。

（14）排水沟

① 排水明沟应远离道路及活动场所，若距离较近，应在明显处设警示标识。

② 覆有水算的排水沟，水蓖铺盖应平整，衔接缝宽度不得超过13mm，且开口方向应与行进方向垂直。

（15）园林植物

园林中，乔木、灌木、地被等植物的选择和设计应考虑到残障人士的多方面需求。

① 毗连繁忙人行道的种植床边缘，应设高度不小于100mm的路缘石。

② 场地内应保证有至少2000mm的树木枝下净空，2200mm为建议值。

③ 路面范围内，乔、灌木枝下净空不得低于2200mm。

④ 临近行进盲道一侧绿地，种植点距路缘石500mm范围内不能栽植分枝较多的伞状灌木以及分枝点低于2200mm的高大乔木。

⑤ 游人正常活动范围内（如临近坡道、扶手周边）不应选用枝叶有硬刺或枝叶形状呈尖硬剑状、刺状以及有浆果或分泌物坠地的种类。

⑥ 在盲道所经区域不宜种植有刺植物，若为改造项目，在有其他通道的基础上，此处可不设盲道，必须要设的，植物最外围枝干距盲道距离应在500mm以上。

（16）街道家具及自动售货机

① 所有的街道家具，包括灯具、指示牌、自动售货机等，都应设在街道的一边以不影响残障人士行动和视线为前提。

② 当可能的情况下，应沿人行道设适当宽度的、连续、安全的设施带，或者设于无障碍出入口的一侧，诸如灯具、自动售货机等设于其上。

③ 设施带宽度的最小值为600mm，而且用不同形式铺装与人行道加以区分（见图3-4-12）。

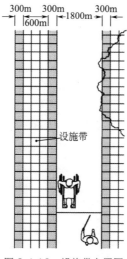

图 3-4-12　设施带布置图

（17）垃圾箱

垃圾桶设置应不影响游人通行，并且方便各种残障人士使用。

① 在人流较大路段，垃圾桶应有足够的容量来容纳预期垃圾数量，避免垃圾外溢形成影响残障人士安全行进的隐患。

② 在开放场所，诸如公园、郊野、海滩或其他野营地的垃圾桶，应安全的设置于坚定、平整的地面上。

③ 垃圾桶设置中心距盲道边缘不小于600mm。

④ 垃圾桶若设盖子，应易于单手操作，并且桶体高度不超过1050mm（见图3-4-13）。

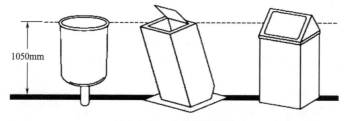

图 3-4-13　垃圾桶设置图

（18）垂直电梯、游览车、缆车

① 当需要设垂直电梯时，须参照无障碍电梯规定实施。

② 当园区设游览车及缆车装置时，其站点须进行无障碍设计。

③ 游览车及缆车须方便轮椅进出，且在内部预留1.2m×1.2m的轮椅空间，设有轮椅固定安全装置。

3.4.5　无障碍色彩设计

无障碍色彩设计原则有以下三点。

一、采用明度与饱和度兼具的配色

色觉缺陷人群看到的色彩比色觉正常人群看到的色彩对比度要弱得多，醒目明晰的色彩搭配不但能够增强视觉冲击力，而且能够增加视觉障碍人群正确获取信息的机会。

二、慎用无彩色系的搭配

对于患有色觉缺陷的人群来说，这种通过明亮程度来感知并分辨色彩的能力是下降的。因此，存在各种视觉障碍的患者较易将某些有彩色误识为不同明度的灰阶，并且，如果采用黑色与其他低饱和度或低明度的有彩色搭配的方法，对视障患者来说也容易产生视觉不适的污浊阴影感问题。

三、注重色彩与图形文字的搭配

根据视觉设计原理和视障人群的视觉认知特点，在图文与色彩的搭配设计方面应特别确保前景色与背景色在其界限上的清楚明晰、反差明显，避免相邻色彩的明度接近。

本章训练题目

训练目的：了解及熟悉展陈空间的空间尺寸。
习题内容：根据展示空间设计要求、尺寸要求，对电子产品展厅进行设计。
设计要求：
① 空间面积控制在300m²（上下浮动5%）。
② 层数要求为1层，层高4.5m以下。
③ 对展示空间的比例尺度及具体空间功能分区做合理规划。
制图要求：
① 图纸大小为A3图纸，CAD制图。
② CAD制图要求有尺寸标注、标高、有材料标注等施工图标准。
③ 图纸及比例自定，1：100或1：50或1：30等。

第4章

人体工程学
设计案例的
分析与欣赏

4.1 家具设计案例分析

家具作为人类生活的必需物质器具，不仅为人们的生活、学习、工作提供了舒适和方便，同时自身也在不断地创造着美的视觉艺术形态。家具的本质特征充分体现出"实用性"和"审美性"两大功能。

住宅空间中的家具因功能的使用形式多样化，所以选择的品类及样式也很多。住宅空间中公共会客空间、私密睡眠空间、休闲娱乐空间中需要的储藏类家具、展示类家具、坐卧类家具及工作类家具更是样式繁多。因此，在设计和选择时要注意的是：第一，不同功能分区的家具选择应该符合使用者的需求；第二，家具风格的选择应尽量统一。

4.1.1 家具的实用性功能

一、坐卧类家具

坐卧类家具的基本功能是满足人们坐得舒适、睡得安宁和提高工作效率，使人在使用家具时静疲劳降到最低限度。

（1）坐具的基本要求

设计各种坐具时，关键是要掌握好座面与靠背所构成的角度，选择适当的支撑位置，分析体压分布情况，使接触面得到满意的舒适感。

（2）卧具的基本要求

床的使用功能务必注重考虑与人体的关系，着重于床的尺寸与弹性结构的综合设计。床是否能消除疲劳，除了合理的尺寸以外，还主要取决于床的硬软度能否使人体卧姿处于最佳状态。

二、凭倚类家具

凭倚类家具虽然不需要支持人的身体，但人需在其上进行操作，如餐桌、写字台、梳妆台、茶几以及各类工作台，是人们工作和生活所必需的辅助性家具，设计时需要考虑使用的舒适性，如阅览桌、课桌等用途的桌面，最好有约15°的斜坡，使人获取较舒适的视域。

三、贮存类家具

贮存类家具用于存放日常生活用品，设计时首先应根据人体操作活动可及范围来设计大小和高矮，其次根据物品使用频率来安排存放位置。一般而言，物品存放的位置以地面标高600～1650mm的范围最方便。因此，常用物品放在这个取用方便的区域，不常用的物品可放在600mm以下或1650mm以上的位置。又如图4-1-1所示，左侧开门式地面储物柜的设计会导致在寻找、拿取里侧物品时不便和费力，而中间和右侧的抽屉式储物柜的设计使人更容易拿取物品。

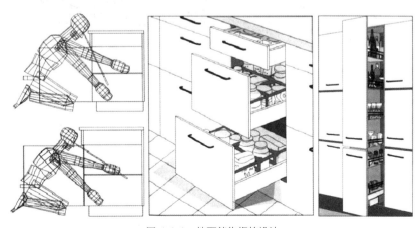

图 4-1-1　地面储物柜的设计

4.1.2 家具的审美性功能

家具发展演变的历史除了紧紧围绕人类对物质生活的追求，也越来越强烈地反映出人们渴望美好生活的精神需求和审美意识。这主要体现在家具的设计风格和色彩搭配的运用上。

一、家具的品牌与风格

室内的风格往往取决于室内功能需要和个人的兴趣爱好。历史上比较成名的家具往往代表着那一时代的一种风格并流传至今。一般家具面积不宜占室内总面积过大，要考虑容纳人数和活动要求以及舒适的空间感，特别是活动量大的房间，如起居室、餐厅等，更宜留出较多的空间；而小面积的空间在设计时应满足最基本的使用要求。

（1）大尺度家具

大尺度家具一般表现为美式、欧式、传统中式等古典风格，大多使用在大户型或大尺度空间、容纳多种空间功能的场所，如图4-1-2和图4-1-3所示。

图 4-1-2　大尺度家具 -1　　　　　　　图 4-1-3　大尺度家具 -2

（2）简约易搭配型家具

简约易搭配型家具多指北欧风格、日式风格和现代板式类型的家具，如图4-1-4 ～图4-1-6所示。此类家具与现代的室内装饰风格相得益彰，在整体的轮廓、线条、设计界面及材质、样式和符号上都简单、干净，配搭上时尚、大气的陈设单品，是时下年轻人的搭配方式。简约的家具不仅仅是外表造型的简约轻快，在使用功能上也常常是易操作的，如瑞典品牌"宜家"就已经成为现在年轻人的首选家具品牌。

图 4-1-4　简约易搭配型家具 -1

图 4-1-5　简约易搭配型家具 -2

图 4-1-6　简约易搭配型家具 -3

（3）智能型家具

智能型家具是20世纪以来伟大的创举。在普通的板式家具、组合型家具慢慢占领市场以后，人们越来越多地用现代技术打造更加舒适的生活空间。在智能型家具产生之后，人们使用时的便捷性和舒适感都得到了提升，现代化的高科技潮流将网络、音频、图像、大数据信息等统统融入现代化的家具中。

智能型家具配搭智能家电能让厨房等工作空间变得效率更高，节省使用者的操作时间，同时将监控、报警等设备植入，大大保证了安全性和人性化，如4-1-7所示。

图 4-1-7　智能型家具

二、家具的色彩搭配

家具的色彩和材质与室内环境的艺术性休戚相关，例如小面积住宅中选用清水哑光的家具，辅以棉麻类素色面料，常使人们感到平静安宁。色彩的选择与室内设计的风格定位有关，例如室内为中式传统风格，通常采用红木、黄花梨木家具，壁面常为白色粉墙。

色彩和材质、色彩和光照都具有极为紧密的内在联系，例如不同树种的木质，具有各自相应的色相、明暗和特有纹理，带给人不同的视觉感受。

图 4-1-8　小空间用色

（1）小空间用色

若室内空间小，界面装饰颜色较深，则设计时应多选择暖色的、带有刺激性色彩的家具和配饰。可将窗框、家具以及窗帘等占地面积较大的陈设布置成暖色系来改变空间的压抑感（图4-1-8）。

（2）界面配色

界面配色需要从整体构思出发，在选用室内地面、墙面和顶面等各个界面的色彩和材质的基础上，确定家具和室内纺织品的色彩和材质。一般棚面、墙面、地面要使用同一色系，从视学上增加空间的大小；如若家具面积过大，可以将家具的色调转变成主色调，将其他界面色进行重新配色，如图4-1-9～图4-1-11所示。

图 4-1-9　界面配色 -1

（3）年轻人房间配色

温暖黄与高冷蓝搭配：冷暖相宜。带有温暖感的柠檬黄色可以作为墙壁的主色。家具色以高贵的庞贝红河冷色系搭配异域的摩洛哥蓝色，家具之间的冷与暖互相穿插，增加空间趣味性，如图4-1-12～图4-1-14所示。

图 4-1-10　界面配色 -2

图 4-1-11 界面配色 -3

图 4-1-12 年轻人房间配色 -1

图 4-1-13 年轻人房间配色 -2

图 4-1-14 年轻人房间配色 -3

　　无彩色与奶油粉色搭配：奶油色甜美清晰，更符合女生的喜好，根据风格的统一性，在与之搭配的家具中，选择白色家具及陈设可以起到平衡空间色彩的作用，增强室内空间面积效果。

三、家具与人体尺寸的应用

　　图 4-1-15 为我国成年男女不同地区的平均身高数据汇总，供设计时参考使用。从图中可知，人体尺寸数据是在一定幅度范围内变化的。因此，在设计家具时考虑应该采用什么范围的尺寸做参考是十分必要的。针对室内家具的不同情况，按照以下人体尺寸进行考虑：按身高较高人群考虑空间尺寸，如楼梯顶高、栏杆高度、门

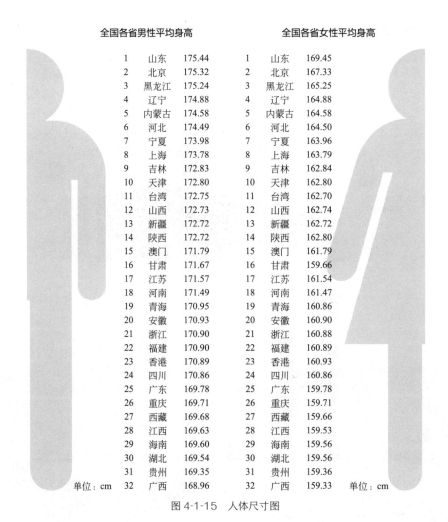

图 4-1-15　人体尺寸图

洞高度、床的长度等；按身高较矮的人群考虑空间尺寸，如办公桌面的长度和深度、柜子高度等；一般数据取男性人体身高1730mm，女性人体身高1620mm，外加20mm（鞋底厚度）。

4.1.3　不同住宅空间的家具使用及选择

一、娱乐空间中的应用——起居室、餐厅

娱乐空间是家人和客人相聚的主要场所，住宅空间中的起居室、餐厅都属于娱乐空间，其中使用频率最多的是起居室。因此，在设计娱乐空间时要根据空间的平面布局和面积来设置家具，将人流路线进行合理安排，如图4-1-16所示。有时在家具的布置上是以电视背景墙和沙发背景墙作为起居室的主要中心，路线贯穿其中，但是在一些大型别墅的设计中会将路线放置在四周。家具的选择也要根据空间面积

来定：空间较大，适宜用"U"型或"L"型沙发，空间较小则适合用一字型沙发或边几来节省空间，如图4-1-17所示。

图 4-1-16　餐厅的设计　　　　　　　　　　　　图 4-1-17　起居室的设计

二、生活空间的应用——厨房、更衣室、卫生间

（1）厨房

厨房是室内空间中非常重要的空间场所，在设计厨房空间时应该注意各个功能区的使用以及利用率。比如在台面下方设计多个不同方式的储藏柜，便于储存不同物品，如图4-1-18和图4-1-19所示。

图 4-1-18　厨房空间 -1　　　　　　　　　　　图 4-1-19　厨房空间 -2

在设计厨房时要合理安排各个储藏柜的尺寸，同时应该注意上吊柜与下吊柜之间的高度差以及排烟机与炉灶之间的高度差，同时还要注意使用者的劳动强度，以减少尺寸不合理或不适应所造成的不必要的麻烦。首先，排烟机与灶台之间的高度差应该在650 ～ 750mm之间，这样可以很好地吸纳油烟且人们在使用的过程中也不

易碰触到头部；其次，我们应注意上吊柜与下吊柜之间的联系，通常上吊柜会比下吊柜更窄一些，一般高度差在350～450mm之间。

在厨房夹脚空间设计中，我们可以利用墙壁柜的设计将其他的储藏物品整合收纳在墙壁当中，将外面做成一个整体，里面分成多个内置格，然后将细小的物品收纳在里面，这样可以提高利用率，大大节省空间。

（2）更衣室

更衣室的空间面积通常不会很大，我们在设计过程中，常常采用墙壁柜的形式以获取更多的储藏空间。因此，在整个墙壁柜的设计中，我们应该合理地利用和分割各部分的空间，通常是常用衣物以悬挂式为主，裤子、皮包、鞋等不常用的衣物分别放置在下方。人体工程学在橱柜或衣柜的设计中，能够充分体现不同人群的使用要求，通过合理规划细节尺寸，便于小面积的储藏空间的使用频率得到合理利用，如图4-1-20所示。

图 4-1-20　更衣室

（3）卫生间

在卫生间这样的私密空间设计中，我们有时也会利用壁柜与墙体整体结合的形式进行设计，将卫生间坐便器上方做成壁柜的形式储藏物体。在人体工程学设计中要注意墙面上半部分的利用，但是同时要考虑到使用高度，方便拿取的位置在1100mm～1700mm之间，利用空间的同时也可以将私密空间的储存在小空间当中得到更大能量的放大，如图4-1-21和图4-1-22所示。

图 4-1-21　卫生间-1

图 4-1-22　卫生间-2

三、工作、学习空间——书房

书房是室内空间当中工作、学习的一个重要区域，家具主要由工作台、电脑桌、座椅、书架、书柜以及储物柜等家具组成，如图4-1-23所示。我们通常把书柜设计为两个部分，上半部用来展示，下半部分为收纳。我们会将一些平时常用的书籍、摆件放置在上半部分，书柜台面800mm以上的空间至1800mm左右是可以碰触到的空间，放置常用的书籍。下半部分900mm以下通常设置为地柜，然后将资料放置在柜体的里面。合理的划分不同的区域储藏物品时，也要考虑到使用者习惯性拿取物体的高度，通常在1100mm到1500mm之间是人们使用频率最高和最习惯性拿取物体的范围。

图 4-1-23　书房

4.2　住宅空间设计案例分析

衣食住行是人们生活必须满足的基本条件，如果缺少任何一项，都不能在现代社会中生存下去。住宅空间完全满足人体工程学的需要，才能够让人们在使用上变得更加舒服、便捷、高效。从交通流线到家具尺度，再到使用者的心理感受，都是最大限度和可能地满足人的使用。

住宅空间的人体工程学家具尺寸要满足人们长时间的坐、卧、倚靠。例如在起居室中，人长时间在这里活动，看电视、听音乐或是聊天聚会等，因此这是人与人之间、家庭各成员之间最为密切的互动环境，通常人际空间的距离不超过4m，这包括亲密距离、个人距离、社交距离和互动距离。因此，这样的空间不宜过大，一般在18～30m²；而社交距离和娱乐距离均不宜超过4m，如果过大会导致交流双方产生心理上的距离感；空间过大还会导致视觉的感受及空间的整体感觉太像公共空间，缺乏空间凝聚力。

在室内空间的布局中，人们如何合理的利用空间取决于空间中家具、人、交通路径的交互关系。根据不同的家具在不同功能空间中作用的不同，给予不同空间对使用者的数据尺寸和范围也是不同的。

住宅中的公共空间包括有玄关、起居室、过厅、餐厅、健身房、楼梯等。这些公共空间是开敞的，服务于每一个家庭成员。因此，这些空间所需要的人流活动空间要相应地加大，因为这并不仅仅是一个人的活动空间，有时会是多个人同时活动的空间。在公共空间中，不同住宅类型的公共空间人流动线及空间家具的使用、布置方法也不同。

住宅室内布局的整体构思除了需要考虑造型和艺术风格外，还要综合考虑功能合理性、使用便捷性、视觉愉悦以及节省资金。近入口的门斗、门厅或走道尽管面积不大，但常给人们留下第一印象，也是回家后首先接触的室内空间，宜适当从视角和选材方面予以细致设计。起居室是家庭团聚、会客等使用最为频繁、内外接触最多的房间，也是家庭活动的中心，其室内地面、墙面、顶面各界面的色彩和选材均应进行重点推敲。因为住宅面积较小，布局紧凑，在门厅、厨房、走道以至部分居室靠墙处可以适当设置吊柜、壁橱等以充分利用空间，在必要时某些家具也可兼用或折叠。一些面积较宽敞，居室层高也较高的公寓或别墅类住宅，其重点部位仍应是起居室、门厅、厨房、卫生间等。

4.2.1　不同类型的住宅空间

一、别墅住宅空间

别墅住宅因为空间面积较大，功能分区较多，室内空间的面积以及房间的数量也比普通住宅多很多，在整个别墅室内的设计当中，我们首先要考虑的是使用者的舒适度，同时选择更好的装饰材料、用最先进的设计理念达到完美的装饰效果。在别墅的室内家具选择中，我们可以根据空间尺度选择尺寸相对较大的家具，例如在起居室选用一些欧美式的家具，彰显居住环境豪华大气。从上到下，软装与硬装的完美结合，色彩与材质的搭配，让整个空间充满了温馨，如图4-2-1所示。

图 4-2-1　别墅住宅空间 -1

图4-2-2是一个别墅住宅空间中的起居室。该空间的特点是一层、二层的起居室上空为挑空空间。平面横向的空间中，与进户的玄关过道相连接，空间十分宽敞。这样的高挑、宽大空间一般出现在别墅中，因而在别墅空间中的各个功能区的舒适度也相对较好。由案例中图片可见，整个起居室空间的主体空间，也就是起居室会谈区的沙发空间布局和组合形式为围合型：三个方位放置了三人位的主沙发，剩余一侧为两个单椅，方形茶几居中放置，作为整体沙发区的核心。围绕在茶几和沙

图 4-2-2　别墅住宅空间 -2

发外侧的是宽敞的过道空间，能够满足人们从不同角度行走进出，相比较其他户型空间的公共空间，过道部分十分宽敞，并大于茶几与沙发间的距离。但是在此也要注意，茶几和沙发间的距离不要过大，以防造成使用上的不便。在主沙发位侧，设计师放置了端柜，端柜的后侧为主要的公共过道。在整个空间中主要交通路线为1200 ～ 1500mm；沙发区过道尺寸为500mm左右；两侧端柜和壁炉的尺寸大概在350 ～ 450mm之间。

二、大户型住宅空间

大户型住宅空间是一种较为常见的住宅户型，其空间形式一般以三居室或四居室的住宅空间为主，主要特点是有合理的功能分区，并且每个空间及功能区域能够相对独立。通常三居室、四居室住宅空间的建筑面积在140 ～ 180m² 之间，因此，在布局时要求每一个空间都要合理使用。在这样的空间里，每个家庭成员都能享受到比较舒适的环境，因此在家具的选择上要根据使用者的需求，在家具尺寸、体积、风格上合理布局，选择相对舒适安全的家具。例如沙发可以选择自由的L型或多边形组合，使会谈区域足够独立；通过设置独立性的书房或卧室，打造一个非常私密安静的休息和享受空间。

户型A（图4-2-3）：起居室主要的功能是会客，整个空间以沙发区和背景墙为主，使用者的流动路线只有一个横向的流线，但会谈区与主题墙之间的距离十分宽松。设计师选择了一字形的沙发，两折相对，增加使用者的使用面积，但是在其余的侧位并没有安置沙发。在陈设中，设计师以方形毯作为整个会谈区的围合界限，以此来限定会谈区的位置。从会谈区到墙面的界面造型间的过道空间的宽度为450 ～ 650mm，能够方便使用者自由出入。在整个空间的设计上，没有选择组合形

式多变的"L"型沙发或"U"型沙发，而是让前侧和右侧都成为开敞式的人流动线空间，这样的设计大气宽敞，也更加适合这样中等住宅面积的起居室空间布局。图中的平面布置与外部公共走道连接更加融合，空间的交错感和通透性更强。

户型B（图4-2-4）：该户型是目前较为流行的洋房或大平层起居室，公共起居室空间相对宽敞，可以在平面空间中合理分割出谈话会客区和展示陈设区。该空间的平面布局以外围空间为人流动线，中间部分为重点的会谈区。设计师选择了"L"型沙发为主沙发区，使用者围绕沙发进行主要的功能活动；单椅围绕茶几与主沙发呼应，这样的家具搭配使得两侧的单椅在摆放的时候可以更加随意，减少了空间中的拘束感。

图 4-2-3 户型 A   图 4-2-4 户型 B

三、中小户型住宅空间

户型C（图4-2-5）、户型D（图4-2-6）：这两个中等户型的面积比大户型空间面积稍小些，沙发摆放得十分紧凑，空间路径发生了改变，因此设计师选择了简单精致的家具，给使用者在视觉上起到调节平衡的作用。该类户型在设计中将会谈区作为中心点，家具也选择了现代简约的类型，这样既能节省空间，同时通过现代家具的风格色彩，很好地调节了因实际空间面积过小造成的紧张感。

图 4-2-5 户型 C   图 4-2-6 户型 D

户型E（图4-2-7）：设计小户型空间时要合理利用每一寸空间，需要更多的智能化和多重空间利用家具。因此在小户型的空间设计中，我们会更多地利用界面也就是立面的竖向空间来进行收纳，如墙壁柜、隔断柜等。家具也尽量选择体积小、轻便、易于折叠拼装，以及一些智能化的家具，这些家具不仅能供日常使用，也可以用作隐藏式的收藏，可以更好地利用和节约空间，同时兼具多种功能。如图中所示空间较小，设计师利用玻璃隔断合理地划分出学习区域和沙发休闲区域两个不同的功能分区，并留出足够的走路空间。

小户型F（图4-2-8）：该户型为面积较小的住宅空间。平面公共区域的布置不仅仅以会谈区、影墙区为主，还包括了餐区和竖向界面的储藏区。交通路径设计得十分的紧凑，可以看到茶几、沙发和试听区的电视柜间的走道宽度在250～350mm之间，空间面积狭小，使用者的舒适度也随之降低。再这样的条件下，建议使用易折叠的带有储藏功能的座椅沙发，或将地面加高，做成储藏型的榻榻米。这样可以合理利用空间，将储藏空间隐藏起来。从图上可以注意到电视与沙发间的距离较近，视距较短，因此在选择电视的大小上要符合视距的人体工程学尺寸，不要给使用者造成不适的感觉。此类空间面积有限，在家具的选择上尽量挑选浅色和简约的样式，可以扩张视觉感受。采用清新的绿植作为点缀，可使狭小空间变得有生命力，更加有朝气。

图4-2-7　户型E　　　　　　　　　　　　　　图4-2-8　小户型F

四、LOFT及公寓住宅空间

LOFT空间属于公寓类型的小户型空间，其特点是室内空间的层高较高，一般会将整个LOFT分为上下两层，设计成两个半部分，将其使用面积相对增大一倍。设计师在分割成两层之后，将室内空间的动静区划分开：下半部分基本为一层的动线空间，通常为起居室、厨房或餐厅；上半部分通常为相对较安静的学习区域、更衣间或卧室。在这样的空间当中，虽然竖向的空间面积增大，但其实整个LOFT的住宅空间开间较小。因此我们要合理利用墙面，尽可能选择现代风格的家具。现代风格的家具多以板式家具为主，既能符合整体LOFT的装修风格，也同时符合年轻人的喜好，如图4-2-9和图4-2-10所示。

图 4-2-9　LOFT 空间 -1

图 4-2-10　LOFT 空间 -2

4.2.2　老年人居住空间

近年来，由于人类社会生活条件的改善，人的寿命增加，世界上进入人口老龄化的国家越来越多。作为世界上人口最多的发展中国家，中国的老年人口已占人口总数的10%以上，绝对数量居世界之首。从人体工程学角度出发，充分考虑老年人的生理和心理特点，创造适合老年人居住的舒适、便利、安全、健康的室内环境是社会发展的需要。

因此，设计师应注意以下几个方面。

一是家庭用具的设计，首先应当考虑到老年人使用是否方便，尤其是厨房用具、橱柜和卫生设备的设计，照顾老年人的使用是很重要的。在家具的选择上，家具的尺寸、造型、色彩以及其布置方式，都必须符合人体的生理尺寸、心理尺度及人体各部分的活动规律，以便达到安全实用、方便、舒适美观的目的。老年人房间的家具要造型端庄、典雅，色彩深沉、图案丰富。多数老年人腿脚不够灵便，许多家庭的老人承担了一部分家务工作，收拾东西在所难免，如果柜子过高会给老年人带来不便。所以为了老年人的安全，家里最好不要设置众多高大的家具，应该多买一些矮柜。

二是从安全性上考虑，由于生理原因，致使老年人对外界刺激的反应能力下降：反应时间长，动作灵活性降低，不稳定，协调性差。在室内设计中应考虑到如下因素：室内应放置稳固牢靠的实木靠背椅和木凳；屋里的家具或其他东西的摆放以不妨碍老人走路为宜，过道不要铺放容易滑倒、勾绊的地面铺设物；在浴盆淋浴处和抽水马桶边安装可以够得着的把手，铺设防滑地面；在楼梯处、走廊里以及卧室和卫生间里的照明要充足，灯的开关应安在容易够得着的地方。

三是听觉因素，老年人房间的隔音效果一定要好，以求安静的居住氛围。

如图4-2-11所示，该户型中的家具将空间分为两个界面，床体与床头柜合理搭配，床头设置了可任意调整高度的灯具，便于老年人躺在床上看书，夜晚下床也很方便。这样的设计适合于空间比较小的开间设计，设计师巧妙地将墙面与床头软包融为一体，有效利用床的两侧剩余空间将床头柜安插进来，方便

图4-2-11 老年人居住空间设计

老年人随手拿取物品。我们在设计的过程中应该注意床头柜与床之间的比例以及整体界面的协调感，使家具的功能达到有效利用，达到实用与美观相统一。

4.2.3 整体家居设计分析

整体家居在现代住宅空间设计中已日渐成熟，而在未来的国际发展趋势下，整体家居将涵盖室内装饰、装修、软装配饰等一系列概念。现阶段国内的整体家居市场仅限于单体个别空间，而整体家居的普及也会更加常态化。

下面结合人体工程学在整体厨房设计中的应用进行分析。

在整体厨房"人-机-环境"的特定系统中，"人"即操作者，是主要因素，橱柜、设备及器具等是"机"，厨房的室内空间尺寸、形状、色彩及声、光、热、空气条件是"环境"。要设计出使操作者使用最好、最舒适的"环境"和最省力的"机"，则首先要分析、了解"人"。人是人体工程学的主体，所以以人为本进行产品设计是设计的重要目的。

进入21世纪，国民生活水平得到普遍提高，现代住宅设计已把设计重点和施工精度放在厨房上，功能不再是过去单一的满足烹调行为要求，已发展为集仓储、加工、清洗、烹饪和配餐等多功能为一体的综合服务空间。

整体厨房是将橱柜、抽油烟机、燃气灶具、消毒柜、洗碗机、冰箱、微波炉、电烤箱、各式挂件、水盆、各式抽屉拉篮、垃圾粉碎器等厨房用具和厨房电器进行系统搭配而成的一种新型厨房形式，具有存储、清洗、加工、配餐、烹饪、备餐、交流的功能。

一、厨房的设计原则

① 厨房的设计应从人体工程学原理出发，考虑减轻操作者劳动强度，方便使用。

② 厨房设计时应合理布置灶具、排油烟机、热水器等设备，必须充分考虑这些

设备的安装、维修及使用安全。

③ 厨房的装饰材料应色彩素雅、光洁、易于清洗。

④ 厨房的地面宜用地砖、花岗岩等防滑、防水、易于清洗的材料。

⑤ 厨房的顶面、墙面宜选择防火、抗热、易清洁的材料。

⑥ 厨房的装饰设计不应影响厨房采光、照明和通风的效果。

⑦ 厨房装饰设计时，严禁移动煤气表，煤气管道不得做暗管，同时应考虑抄表方便。

二、厨房的高度

厨房高度影响对厨房的使用，厨房高度过低会让操作者感到压抑，过高会造成空间和经济的损失。厨房高度不低于2.8m，不包括天花板内管道层高度。

三、厨房的空间组织

合理的厨房布置可让操作者使用方便、提高效率、节约时间。任何厨房设计均应以食品储藏和准备、清洗和烹调过程为依据。厨房里通常包括三个主要设备：炉灶、电冰箱和洗涤槽。在这三个设备之间布置用于保存食品、用具的储藏柜和工作面，操作者在这三者之间的活动路线形成一个三角形，称工作三角形。一般三角形的三边之和不超过6.7m，以4.5～6.7m为宜。大多数研究表明，洗涤槽和炉灶间的路程来回最频繁，因此，建议将此距离缩到最短。围绕每个设备的工作面和储藏柜应因地制宜根据实际需要情况放置物品。例如，洗涤槽与冰箱间的空间常为调制食品中心，因此，食物和调味品等应储藏在这里，而相关的用具，如量匙、量杯、搅拌器、烤盘等也应放在储藏柜里；炉灶旁边应有足够的柜台，以布置碟碗、锅、铲等用具，形成服务中心；而靠近洗涤槽的地方形成了一个清洁食物的准备中心，需要储藏蔬菜箱、刀、削皮器、刷子等。

四、操作台的设计

目前操作台的高度多数为860mm，而事实上，在切菜时，上臂和小臂应呈现一定夹角，这样可以最大限度地调动身体力量，双手也可以相互配合地工作。调查显示，如果身高相差10mm的话，最舒适的切菜台高度一般相差5mm左右。根据人体尺寸的国家标准可知，成年女子身高的第10百分位数为1503mm，第90百分位数为1640mm，操作台具体高度根据操作者的身高来调节，原则为身高每增加10mm，操作台的高度增加5mm，一般将操作台的高度定为800～850mm能适合于大多数人。如果厨房空间足够大，可补充增设其他高度的操作台，以满足不同操作者的需要。

人在站立操作时所占的宽度，女为660mm，男为700mm，但从人的心理需要来说，必须将其增大一定的尺寸。根据手臂与身体左右夹角呈15°时工作较轻松的原则，操作台面宽度应以760mm为宜。因此，在条件允许的情况下，操作台的宽度应≥760mm。

人使用操作台时主要操作区的深度为450mm，而人略探身可触及的操作台深度为600mm。因此，从这方面看操作台的深度不宜小于450mm，也不应大于600mm。

五、灶台设计

一般来说，灶台和操作台是在同一高度上的，但由于女性平均使用灶台的时间较长，因此为避免烹饪时胳膊架得很高，造成颈肩酸痛，灶台的高度应比操作台的高度低100mm左右，让视线得以轻松俯视炉灶，手肘在炒菜时也可以轻松悬放，不会长时间处于紧绷状态。因此，放置灶具的台面应扣除锅和灶具的高度，对于台式炉灶，需要在普通操作台的基础上减去炉灶和锅的高度（200mm），即灶台柜高度在600～650mm之间；而对于嵌入式炉灶则需要在普通操作台高度的基础上减去锅的高度（100mm），即灶台高度在700～750mm之间。

六、洗涤池的设计

如果洗涤池的高度偏低，长期使用会使操作者产生腰部劳损，这就需要增加洗涤池的高度，使操作者在正常站立的情况下就可以轻松洗涤。根据人体工程学原理，女子的"立姿肘高"为960mm，加穿鞋修正量20mm，得980mm；由于立姿下在略低于肘高的位置操作最适宜，所以，取洗涤池的高度为"立姿肘高"减去180～130mm，即洗涤池的高度在800～850mm之间，与操作台的高度一致，这个高度可以满足洗涤切菜的需要。

厨房洗涤池不应太靠近转角位置，否则没有足够的空间会影响人的操作，而且也不便于物品的放置。一般在厨房洗涤池的一侧保留最小的操作台空间宽度为460mm，而另一侧保留最小的操作台空间宽度为610mm。

七、橱柜的设计

厨房使用方便与否与储藏空间的充实与否密切相关，零碎东西多的厨房里必要的东西能够顺利地拿进、拿出是关键，根据所拥有的锅以及需要的餐具量确定橱柜的数量和大小，以确保足够的储藏空间。此外，预留放置微波炉、电饭锅等厨房电器的位置也是十分必要的。频繁使用的东西应收纳在站着就可以够得到的范围内，其中经常使用的调味品、工具等应收藏在与视觉高度接近的位置，会提高作业效率。

操作台下面（里面）的储藏柜，使用不浪费进深空间的、带滑轮的橱柜比较方便。抽屉式的橱柜由于比较深，有些东西会被埋没其中，为便于使用应对所有储藏物品进行分类存放。考虑到厨房的东西还会有增加的可能，储藏的空间也应留有余地。

八、灯具的设计

图 4-2-12　厨房灯具设计

厨房灯具的设置布局不仅与人们的视力健康、活动安全和工作效率直接相关，而且还会影响环境气氛和人的精神情绪。所以，厨房灯具的选择必须满足人们的生理和心理需要，要有足够的照度以使操作者有舒适感，同时，光线的对比度要适中。操作者要依据空间面积和具体环境进行构思设计，如图4-2-12所示。

厨房人工照明的照度应在200lx左右，除了安装吸顶灯外，还要选择局部照明，并安装有工作灯的抽油烟机，有条件的，储藏柜也可安装柜内照明灯，以便在柜内操作。厨房操作所涉及的工作面、备餐台、洗涤台、角落等都应有足够的光线。

此外，从清洁卫生、安全用电的角度来安排厨房灯具是十分必要的。安装的灯具应尽可能远离灶台，以免油烟水汽直接熏染灯具。灯具造型应尽可能简洁，便于经常擦拭。灯具底座要选用瓷质的并使用安全插座。开关要购买内部是铜质的开关，且密封性能要好，要具有防潮、防锈效果。

设计时将整体厨房进行人性化设计，设备的安装尽量缩短人在厨房操作时的行走路线，根据人体高度设计操作台、橱柜尺寸，合理有效利用空间。通过分析，人、机、环境三者是互动的，他们的关系在使用过程中得到体现和验证，正确了解和处理三者关系才能达到设计的目的，让厨房更符合我国的现代生活方式，使厨房的设计在家庭中更加体现人性化，更加具有高品质。

4.2.4　住宅空间家居设计发展趋势

住宅室内空间设计自二十世纪九十年代初房地产业开始盛行发展之后就开始逐渐占据家庭装修的大市场。设计师通过总结现代都市人生活方式的特点，使住宅空间未来的发展更加趋向国际化和现代化。未来住宅的设计除了保持现有的智能化和设计多元化的发展，还要体现代住宅空间所带来的真正意义。

一、智能化——科技平台的广泛使用

现如今，随着科技的日新月异，智能家居已经逐渐深入各个家庭。未来，科技平台的智能化不仅仅表现于常用的家居产品，如家电、照明、空调、家具等，而是能够抚慰人的情感，根据人的活动和需要服务于整个住宅空间中。

科技的进步还表现在如何更好地利用智能。智能化提供了便捷的生活方式，减少了耗损成本，但有时我们却并没有合理利用这个资源，久而久之，智能化家居设备变成了摆设，时常又因为人们惯有的生活习惯而变成为了负担。未来的科技住宅应该更加遵循使用者的使用习惯和根据个人习惯量身定制。如系统照明，要能根据使用者的阅读习惯、时间、喜好随时调整参数；对特殊人群的智能化服务更能体现人性化和便捷的设计理念。

二、风格多元化——不拘于传统风格框架

近年来，室内装修风格呈多元化的发展趋势，随着使用者的审美水平不断提升和个性化需求的不断增加，各种装修风格竞相争艳，人们已经不再拘泥于单一的传统风格，不再刻意讲究结构符号、装饰构件，伴随着一成不变的装饰材料。现代装修设计抛弃了原有的模式框架，将风格用中心思想去诠释，运用元素将空间与心情搭配，塑造了更加多元的装修效果。

三、软装陈设主导化

软装陈设设计原本是在硬装装饰之后进行的对空间的二次填补，使得空间更加感性，富有生命感和女性化。人们常常将自己的选购、爱好、收藏当作空间中的摆设，将随时收集或选购的家居饰品来进行配搭。可见在未来的住宅设计中，软装陈设将会占据更加重要的位置。因此，让家的意义更鲜活，更能体现居住者的文化理念，是对家的记忆和传承。

空间是单一的，情感是多重的，未来住宅的设计将更加人性化，强调空间的展示融入使用人的情感。设计的本身将传承空间设计的人文关怀和使用者的情感依托，如图4-2-13～图4-2-16所示。

图 4-2-13　现代家居 -1

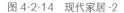

图 4-2-14　现代家居 -2　　　　　图 4-2-15　现代家居 -3　　　　　图 4-2-16　现代家居 -4

4.3　公共空间设计案例分析

　　近年来，人体工程学在公共空间领域的设计应用十分广泛，例如商业空间、餐饮空间、酒店空间、办公空间、室外空间等，在这些空间环境当中，无论哪一种环境都与人群密不可分，所有的空间也都依托于人，为人服务。以人为本的理念在所有的设计当中都有充分的体现，在这样的条件下，环境与人的关系更加紧密。

4.3.1　商业空间设计分析

　　以往的商业店铺主要是人们日常生活中经常光顾的消费场所和用于商品销售的环境空间，随着现代商业化模式的转变，商场不再仅仅是通过买和卖的销售形式来满足人们的物质需求，更重要的是在这个环境空间中为人们提供更多的服务和享受，变身为一个提供人们娱乐、餐饮和购物的综合体（图4-3-1 ～图4-3-4）。"以人为本"的设计理念在这个公共综合体的规划设计中得到了更好的体现。

一、空间功能分析

　　商业空间主要以买卖为主体，因此整个空间的功能分区主要由商品陈列区域、人流动线以及公共环境空间三大部分组成。

图 4-3-1 商业空间 -1

图 4-3-2 商业空间 -2

图 4-3-3 商业空间 -3

图 4-3-4 商业空间 -4

（1）商品陈列区域

商品的陈列区域是商业空间的主体。在商业卖场空间中，专卖店品牌商品销售的一个重要元素就是商品陈列，物品放置的先后顺序、空间的组织及工件的功能分区，决定着购买者的购买意向和消费冲动。商家会利用空间进行整体布局，划分出不同的区域和界面，根据不同商品的特点及属性对展示区域空间进行分割。如服装类商品通常会采用陈列式和壁挂式的展陈方式，而精巧的模型玩具通常会以动态的方式进行陈列。

（2）人流动线

商业空间的人流动线主要分为两个部分。

第一是公共环境空间中的人流动线，以人们的行走、游玩娱乐及闲逛为主导，也是串联所有商家品牌的一个重要的人流动线。在设计上要尽可能的追求整体统一和顺畅，除主体人流的动线以外，还要在边角及开敞公共空间附加一些景观，同时要照顾到特殊人群的行动模式，如老人、残疾人、儿童、孕妇等。现代的商业综合体通常在主要人流线上配搭开敞式中厅及通透式设计，用环廊的方式进行连接，作为商场的主要采光部分。

第二是各个店面内部的人流动线，这样的人流动线是十分必要的，因为人们可以通过动线的形态来购买商品，在此区域设定环绕式或流线型的货柜摆设，可以引导人们从外到里环绕整个的店面，达到商家的销售目的。

（3）公共环境空间

公共的环境空间主要是指商业空间中的公共走道和公共活动区域，也包括一些流线型的动态共享空间，如设备间和公共卫生间等。宽敞的公共活动区域除了集中举行一些服装产品的展示或活动外，同时也是人群聚集观赏的主要场所，因此通常设置在商场的中厅中岛位置；而公共休息区域和公共设施则通常会利用一些边区进行设计，是一个满足人们聚集和分散的重要空间，如图4-3-5和图4-3-6所示。

图 4-3-5　公共环境空间 -1　　　　　　　　　　　　　图 4-3-6　公共环境空间 -2

二、商场经营方式、柜面布局与商品的展示陈列

商场营业厅的柜面布置，即售货柜台、展示货架等的布置，是由商店销售商品的特点和经营方式所确定的，而商品的陈列展示则根据商品类型、购物环境、顾客消费习惯、空间定位等进行设计。

（1）商店经营方式

① 闭架　适宜销售高档贵重商品或不宜由顾客直接选取的商品，如首饰、药品等。

② 开架　适宜销售挑选性强，除视觉审视外，对商品质地有手感要求的商品，如服装、鞋帽等。

③ 半开架　商品开架展示，但进入该商品展示的区域却是设置入口的。

④ 洽谈　某些高层次的商店，由于商品性能特点或氛围的需要，顾客在购物时与营业员能较详细地进行商谈、咨询，采用可就坐洽谈的经营方式，体现高雅、和

谐的氛围，如销售家具、电脑、高级工艺品、首饰等商品的商店。

（2）柜面布置

柜面布置应使顾客流线畅通，便于浏览、选购商品，柜台和货架的设置使营业员操作服务时方便省力，并能充分发挥柜、架等设施的利用率。商品柜组在营业厅中的具体位置需要综合考虑商店的经营特色、商品的挑选性和视觉感受效果、商品的体积与重量以及季节性等多种因素。

根据场所不同，主要采用橱窗、货柜和货架三种方式。

① 橱窗　分为柜式、厅式、岛式。柜式一般设在临商业街或商店出入口处，尺寸视商品大小而定，通常单层高度在4m以下，深度1～1.5m，宽度要看街面、店面的面积；厅式一般为开敞式，从室内一眼可看到店内商品陈列情况以吸引顾客，大多用于中小型商店；岛式通常设在大商场内部，一般是结合货柜和货架以及顶部的空间限定构件，组成独立的商品展示和销售空间环境。

② 货柜　高度0.9～1m，箱体长宽0.6m×0.6m，纺织品的货柜要宽一点。

③ 货架　商品暂时存储和展示的场所，也是分割店堂空间的主要手段。高度不超过2.4m，有效高度0.3～2.3m，深度0.4～0.7m。

（3）商品展示陈列

① 依据商品类型设计

a.小的商品——宜利用货柜、货架集中陈列，利用橱窗、陈列展示；

b.大的商品——如家具、车辆宜开敞陈设，让顾客直接挑选；

c.重的商品——设在出入口或电梯口，便于搬运；

d.轻的商品——设在楼上或商场的中心部分；

e.便宜的商品——设在通道和入口处；

f.贵重的商品——放在店堂的内部，要注意防盗。

② 依据购物环境设计

a.自选商店的商品采取开架的形式；

b.大型百货商店、超级市场可以分成若干专业组；

c.购物中心则分成若干专业商店进行商品销售。

③ 依据顾客消费习惯设计

a.对于追求品牌的顾客，要用特别的包装，展示和陈列可以营造出高雅的气氛；

b.对于追求实用的顾客，商品陈列不可豪华，否则消费者就会怀疑商品的价格不真。

④ 依据空间定位设计

a.偶然购买的时髦商品利润高、价格高，一般放在入口比较隐蔽的地方，少量的搁在比较显眼的地方；

b.大需求量商品为主要销售商品，多数吸引有目标的购物者，设在近入口和方便的位置；

c.方便的商品，往往利用商店门口人行道人流密度高的地方，在店门外及入口处设货柜，由于物美价廉能够吸引顾客。

三、动线组织与视觉引导

如何将顾客引进店堂，并使顾客在店内有较多时间停留，进一步触摸商品并取出和试用商品，从而达到成交的目的，人体工程学在商业空间设计中，要充分考虑到动线组织、视觉引导这两方面因素。

（1）动线组织

顾客通行和购物动线的组织，对营业厅的整体布局、商品展示、视觉感受、通道安全等都极为重要，顾客动线组织应着重考虑以下4点。

① 商店出入口的位置、数量和宽度以及通道和楼梯的数量和宽度，首先均应满足防火安全疏散的要求（如根据建筑物的耐火等级，每100人疏散宽度按0.6～1.0m计算），出入口与垂直交通之间的相互位置和联系流线，对客流的动线组织起决定作用。

② 通道在满足防火安全疏散的前提下，还应根据客流量及柜面布置方式确定最小宽度，便于顾客的停留、周转。

③ 顾客应能通畅地浏览及到达拟选购商品的柜台，尽可能避免单向折返与死角，并能迅速安全地进出和疏散。

④ 顾客动线通过的通道与人流交汇停留处，从通行过程和稍事停顿的活动特点考虑，应细致筹措商品展示、信息传递的最佳展示布置方案。

（2）视觉引导

从顾客进入营业厅的第一步开始，设计者需要从顾客动线的进程、停留、转折等处考虑视觉引导，并从视觉构图中心选择最佳景点，设置商品展示台、陈列柜或商品信息标牌等。商店营业厅内视觉引导的方法主要有几点：a.通过柜架、展示设施等的空间划分，作为视觉引导的手段，引导顾客动线方向并使顾客视线注视商品的重点展示台与陈列处；b.通过营业厅地面、顶棚、墙面等各界面的材质、线型、色彩、图案的配置，引导顾客的视线；c.采用系列照明灯具、光色的不同色温、光带标志等设施手段，进行视觉引导；d.视觉引导运用的空间划分、界面处理、设施布置等手段的目的，最终是烘托和突出商品，创造良好的购物环境，即通过上述各种手段，引导顾客的视线，使之注视相应的商品及展示路线与信息，以诱导和激发

图 4-3-7　视觉引导 -1

图 4-3-8　视觉引导 -2

图 4-3-9　商业空间 -9

图 4-3-10　商业空间 -10

顾客的购物意愿，如图4-3-7和图4-3-8所示。

四、材质应用

由于商业空间当中人流比较密集，属于大面积的公共空间，因此在商场空间设计时通常会选择耐磨防腐蚀，易擦洗的材质，在施工、使用过程中要保证使用人员的安全性及清理和维护的便捷性。在整体效果上要注重材质的选择，清爽明亮，符合商场空间内部装饰的整体风格。

（1）地面材质的选择

地面通常会选择大理石砖、花岗岩砖、金属砖、釉面砖等材质。在设计宽敞的公共空间时，通常会使用大理石或者用面砖拼贴铺设地面，这类材质颜色清新淡雅，一般会选择米黄色系铺设大面积中心部位，选择深咖啡色或黑色金属色铺设边缘位置，可以使整个空间有很好的延展性。

（2）墙面材质的选择

在墙面材质的应用中，我们经常会使用墙面砖、木质的装饰面板、金属和玻璃的装饰材料等装饰墙面。这样的材料可以将承重的结构柱包裹起来，使每一个区域清晰明了，同时也可作为装饰，尤其是石材的装饰，可以使商场的墙面干净亲和，如图4-3-9和图4-3-10所示。

4.3.2　餐饮空间设计分析

俗话说，民以食为天。餐饮空间是人们在日常生活当中必不可少的一个消费空间。随着生活水平的不断提高，人们对就餐环境的要求也越来越高，人与食物以及空间环境的关系越来越密切，优质的服务设施和良好的空间布局让人们在享受饕餮美食的同时，还能够享受空间设计带来的视觉盛宴。餐饮空间根据中餐、西餐、自助餐等餐厅的特点，在设计理念和风格上是有所不同的。我们不仅要满足基本的就餐服务，还要满足人们在空间中所感受的氛围。

一、空间设计要求

（1）餐饮设施的面积指标及相关标准

餐厅的面积一般以 $1.85m^2$/座计算，其中中低档餐厅约 $1.5m^2$/座，高档餐厅约 $2.0m^2$/座。指标过小会造成拥挤，指标过宽会增加工作人员的劳作活动时间与精力。饭店中的餐厅应大、中、小型相结合，大中型餐厅餐座总数约占总餐座数的 70% ～ 80%。影响面积的因素有饭店等级、餐厅等级、餐座形式等。饭店中餐饮部分的规模以面积和用餐座位数为设计指标，随饭店的性质、等级和经营方式而异。饭店的等级越高，餐饮面积指标越大，反之则越小。

餐饮空间除了就餐区域外，还有需要有厨房区域、卫生设施等。不同类型餐厅对应的厨房面积也不一样，餐位数与厨房面积的比例关系见表4-3-1。卫生设施通常与顾客人数有关，对应表见表4-3-2。

表4-3-1 不同类型餐厅餐位数与对应的厨房面积比例　　　　　　单位：m^2

餐厅类型	厨房面积/餐位
自助餐厅	0.5～0.7
咖啡厅	0.4～0.6
正餐厅	0.5～0.8

表4-3-2 餐厅为顾客配置的卫生设施数量

设施	男	女
大便器	400人以下，每100人配1个 超过400人，每增加250人增设1个	200人以下，每50人配1个 超过200人，每增加250人增设1个
小便器	每50人1个	—
洗手盆	每个大便器配1个，每5个小便器增设1个	每个大便器配1个
清洗池	至少配1个	

注：一般情况下，男女顾客按各为50%考虑。

（2）座位容量及形式

餐饮空间通常选用方形桌、长方形桌和圆形桌，在自助餐厅和部分西餐厅中还设有柜台式餐桌，餐桌通常设置2人台、4人台、6人台和8人台，其中4人台所占比例最大。根据空间大小和档次高低不同，人均占有面积为 1.0 ～ $2.0m^2$。

（3）餐桌及服务通道规格

常用餐桌尺寸见3.1.6　室内设计常用尺寸，餐桌及服务通道设计如图4-3-11和图4-3-12所示。

图 4-3-11　圆桌 　　　　　　　　　　　　　　　　　　图 4-3-12　长方形桌

二、空间功能分析

餐饮空间的平面布局以及功能分区主要体现在接待区、就餐区、厨房区、公共区域等，设计环境时需要根据不同空间特点来进行设计。独立的餐厅和宴会厅都会根据自身空间大小的不同将环境设计为独立优雅、功能设施齐全的空间，根据就餐区的面积划分为不同的就餐区域，例如双人就餐区、四人就餐区、八人就餐区以及多人独立包房等，以满足不同的人群需求，保证独立性和私密性。同样，公共通道贯穿着就餐区以及公共洗手间、服务台、厨房等区域，在不同的就餐环境下有不同的设计特点，如大型宴会厅的公共通道和主要人流路线相对较宽，通道两旁通常会有景观装饰，而一些小型中餐厅、西餐厅或快餐店人流密度较大，所需要的走道空间相对较小，能满足人们正常的使用和行走路径即可。在设计现代中式餐饮空间时还会布置一些景观，如水体、山石等，使就餐环境更加亲和，也让就餐者在就餐的同时有视觉的享受。

三、风格样式

（1）中式风格设计

中式餐厅通常以中式风格为主，不同菜系有不同的设计风格。在利用人体工程学来设计餐饮空间环境时，不仅要体现就餐者与服务、家具以及就餐环境之间的关联，更主要的是通过不同造型以及不同界面的设计，带给人不同的视觉感受。在现代的餐饮空间设计中，中式设计比较流行，是潮流的一个风向标，因为中式菜系丰富，品种众多，各个菜系体现了不同地域的饮食文化风俗，因此中式餐厅在设计时，会与菜系相匹配。以中式设计风格为例，中式风格包含有古典设计风格、江南设计风格、现代设计风格等。例如古典设计风格，通过雕梁画栋、特色地域性的装饰符号（如京剧的脸谱、木雕、花板等），以及一些小巧的装置，或是小的陈设物件（如坛、罐、碗等），体现出大气和传统的中式风格。又如一些东北农家菜饭馆在设计上就完全延续了传统农家院的设计风格，通过土炕、大锅、年画以及窗花等贴近生活的装饰物，让人们感觉仿佛坐在自家院落里面吃饭。

（2）西式装饰风格设计

西式装饰风格也被称为欧式装饰风格，如图4-3-13和图4-3-14所示。以西餐为例，西餐的就餐环境讲究个性化设计，人们要享受独立和私密的就餐氛围，设计师会注重座椅的尺度与就餐环境的完美结合，通常餐桌餐椅、过道和服务区面积都会相对较大，餐桌餐椅以实木或皮革质地居多，根据西餐的就餐特点，上菜时会分为不同阶段，每一个阶段上不同的菜品，所以服务人员所需要的服务空间也相对加大。西式装饰风格设计比较讲究细节，如雕塑、柱式、墙面壁挂和画框等，都会进行精心设计。开放性的厨房设计使现代的西餐环境变得更加简约和时尚。

图 4-3-13 西式装饰风格 -1　　　　　　图 4-3-14 西式装饰风格 -2

（3）现代餐饮环境风格设计

在一些新型餐厅，采用新型菜或融合菜作为主打菜品，其餐饮环境讲究的是时尚感和独立感，会使用前卫、大胆的设计，使得整个室内空间表现出高贵与惬意，如图4-3-15和图4-3-16所示。在设计现代餐饮环境风格时，设计者会将空间装饰成不同的风格，然后融为一体，有时也会采用现代化的方式装饰，用细节点缀进行补充，例如绿植、灯具、家具、餐布、座椅和抱枕等。

（4）个性化的风格样式

随着现代网络思想的流行，"小资""后现代""非主流""二次元"等观点也渗入设计中，人们更加讲究个性鲜明的视觉效果和色彩对比。通常我们在设计就餐平

图 4-3-15　现代餐饮环境风格 -1

图 4-3-16　现代餐饮环境风格 -2

图 4-3-17　个性化风格样式 -1

图 4-3-18　个性化风格样式 -2

面布局时，会加大就餐空间，让每个就餐者的就餐环境绝对独立，并且留出相对大的公共空间，这些公共空间可以摆放餐台、展台或者作为休息区。这样可以让人们在享受餐食的同时还可以享受视觉盛宴，如图 4-3-17 和图 4-3-18 所示。

四、材质应用

根据装饰效果，餐饮空间的装饰材料要与整体主题相吻合。为了便于打扫，一些快餐店或小型餐饮空间在设计时会经常使用木饰面地砖，通常为石材材质。而在设计一些高档酒店时通常考虑使用防滑地砖，这样既可以保证就餐者的安全，又可以减轻后续清扫者的负担。在软装饰的设计上，越来越多的餐饮空间使用陈设和布艺的装饰手法，使空间达到一个更好的氛围，让整体的空间更柔软，使就餐环境更加饱满，常用的布艺是窗帘和桌布（除快餐店外）。

4.3.3　酒店空间设计分析

一、空间功能分析

酒店给人们提供了一个舒适安全，可以短暂休息、睡眠的商业性空间。现在的酒店除了按星级标准划分等级以外，还有一些面积比较小、功能比较简单的宾馆旅馆、客栈或民宿等，主要的功能是供使用者和游客住宿，其中还会包含一些配套的商务设施（如宴会厅和会议室等），如图 4-3-19 ～图 4-3-27 所示。酒店在设计时会根据星级标准的不同，在配套设施以及提供的服务上也有所不同，档次越高，配套设施越多。因此，酒店空间设计要满足以下要求：第一，能够合理地使用、利用空间，在空间功能的规划上达到设施完整、空间利用率高的效果；第二，整体环境和

图 4-3-19　酒店空间 -1　　　　　　　　　　　　　图 4-3-20　酒店空间 -2

图 4-3-21　酒店空间 -3　　　　　　　　　　　　　图 4-3-22　酒店空间 -4

图 4-3-23　酒店空间 -5　　　　　　　　　　　　　图 4-3-24　酒店空间 -6

图 4-3-25 酒店空间 -7

图 4-3-26 酒店空间 -8

图 4-3-27 酒店空间 -9

图 4-3-28 接待大厅

空间使用要达到酒店的星级标准，打造舒适奢华以及有情调的视觉空间；第三，要符合大众审美标准，引领酒店时尚设计，能够给人留下深刻的印象。

（1）接待大厅

在标准的星级酒店设计中，接待大厅的主要功能是接待办理入住和退房等手续，其次是为入住和来访人员提供临时休息、会谈的空间。利用建筑结构柱等围合出来的等候区通常也会分为不同的样式，一般采用围合型的沙发组合。接待区人员流动性大，集聚的人群多，应预留出足够大的空间，不宜采用封闭式设计；要用大面积的玻璃窗以取得良好采光的视线效果，让整个空间显得安静舒适；设计咖啡座或饮吧等私密性空间，以方便商务人士进行短暂交流和商务洽谈；设置行李寄存空间可以为游客寄存行李提供方便，如图4-3-28所示。

（2）酒店客房

① 酒店客房功能设计　酒店客房里的床是酒店里与客人身体接触时间最长，也是接触亲密度最高的一件物品，其舒适度、安全度、卫生标准以及视觉感受都是不可忽视的（见图4-3-29和图4-3-30）。如床的宽度就值得推敲：单人床1000mm宽略有些窄，对经济型酒店也许比较适用；1200mm宽的床就比较适合大多数酒店；1350mm宽的床就暗示客人提高了舒适度标准；而对于1500mm宽的床虽然没有功能上的必要性，但却显示了"豪华客房"的标志。床的高度在设计上也暗藏心机：400mm高的床太低，显得无精打采，即使经济型酒店也应该避免采用；460～480mm 比较常见，只要床上布草铺配得好也会不错；500～550mm 就会富有一定的"表现力"。

图 4-3-29　酒店客房 -1　　　　　　　　　　图 4-3-30　酒店客房 -2

② 客房家具设备尺寸　床分双人床、单人床，床的尺寸按国外标准分为：单人床1000mm×2000mm；特大型单人床1150mm×2000mm；双人床1350mm×2000mm。

③ 酒店交通流线要求　客人主流线分为住宿客人流线、低楼层服务项目与团体客人流线、其他商务设施流线。住宿客人经酒店主入口进入，到达中庭、大堂，大堂为传统的入口、总台、电梯厅三角关系布局，电梯将人流进行竖向分配到各客房楼层；低区客房楼层或以电梯厅为中心的环形走道连接，高区客房楼层则按平面变化规划成枝干式内走道连接；低楼层服务项目的客人由次入口到达大厅后，进行扶梯可到达二至五层的其他服务设施，如餐厅、演艺吧、会议室、多功能厅、康体健身等；非住宿客人也可以通过电梯厅的电梯进出；团体客人也由次入口进入进行团队登记（或活动式接待柜台），经专用通道连接到电梯厅，分配到各客房楼层（如图4-3-31所示）。所有客人车辆均可进入地下车库停车，人员经电梯连接到各层，或转换到客房楼层。电梯可以按具体情况分设高低速客梯用于住宿客人的垂直运送，联系客房与低楼层服务区域等，也要考虑到为住宿客人提供去地下车库的运输或转乘运输。

图 4-3-31　酒店通道

（3）宴会厅

宴会厅的设计通常要参考酒店的面积、星级、风格等，在平日里可以举办宴会、商务会议、洽谈以及新闻发布会等。多数宴会厅的主要使用方式是承办宴会和婚礼，所以设计时要注意在整体空间中摆放餐桌的大小。一般来说，宴会厅中的餐桌以十人座餐桌为主，留有一定的空间作为交通路线。设计过道时，在整体的空间布局上计算好餐桌的数量，计算桌与桌之间的交通路径尺寸以及整体的主要交通流线路径尺寸，还应考虑传菜人员、上菜人员流线，以及中心的演示、演绎展示区域的尺寸，如图4-3-32所示。

图 4-3-32　酒店宴会厅

二、材质应用

酒店用的装饰材料要严格执行国家防火规范要求，使用绿色环保、防火的材料。金属材料如不锈钢、铁艺等可起到耐磨防腐蚀的作用，利用大量的大理石或瓷砖，可以使空间显得整体光洁明亮，也易于擦洗、耐磨防腐。软装饰织物通常放置在室内空间，合理搭配色彩可以增加整体空间的亲切感和柔和感，让人们能够体会更多的居家感觉。

三、案例——主题酒店设计分析

主题酒店无论从营造氛围、陈设摆放、造型建筑等都给了我们不同的感受，现代人对精神方面的追求在不断提高，在旅行中也更加注重旅行居住空间的环境。我们对主题酒店的设计和发展正是人类对追求高品质生活的一个探索方面，如何运用人体工程学的理念设计好酒店住宿环境也是作为设计师应该切实考虑的一个重要问题。

（一）设计主题

① 时尚：追求时尚、前卫、精致和创造性。

② 环保：酒店应实践绿色营销理念。

③ 特色：与一般的酒店有着不同的气质底蕴和文化内涵，在普通酒店的基础上加以改造和创新，二者取其精华，相辅相成，给人舒适和美感，并不仅仅局限在居住，而是居住的艺术和享受。

④ 简约：简约不等于简化，酒店在用材上能减就减，不使用繁复的设计。

⑤ 艺术：力求形成自己的风格和特点，注重整体感的形成和居住的艺术。追求艺术的美感，追求美的享受，在居住中找到适合自己的居住方式，了解人在不同室内环境下不同的心理和行为，科学地把两者结合在一起，创造需要的环境。

与以往相比，我们在设计的时候要考虑诸多因素，如研究居住者的行为心理，合理的组织空间，设计好界面的搭配，创造出功能合理、舒适优美、满足人们物质和精神生活需要的空间环境。在人类社会迅速发展的今天，环境问题越来越得到人们的重视，环境是对人有影响的，有着潜移默化的作用，所以酒店的居住环境设计就显得十分重要。

（二）设计理念

当代社会使越来越多的人开始关注绿色环保事业的发展，在这种浪潮下，酒店也开始推崇绿色营销理念。例如在材质的选择上，要求绿色环保：使用环保墙纸（亚麻墙纸、草墙纸等）、防潮墙纸，来保证室内的干燥程度；使用环保墙漆，如生物乳胶漆，除施工简便外还有多种颜色，能给室内环境带来缤纷色彩；使用环保照明，一种以节约电能、保护环境为目的的照明系统，通过科学的照明设计，打造出一个经济、舒适、实用的照明环境。

（三）设计意向

主题酒店的设计在考虑居住的同时，更多考虑的是舒适性和多功能性。白色大理石地板的铺设，既干净又温馨，再加上客房里铺设的地毯，显得舒适又有情调。通过不同的方式对居住环境进行布置，如墙面上加装装饰画和配饰物品，突出整体设计的美感。

在一个酒店综合体内，将室内主要划分为三个区域：客房区域，后台区域，公共空间区域。

客房区域比较简洁简单，装有明显、美观的指示牌，方便人们找寻自己的房间；后台区域要有秩序性，注意与客人动线有区别和隔挡，防止客人误入，同时方便员工操作；公共空间区域尤其是大堂，在设计的时候要考虑舒适性、专业性和整体性，大堂是酒店的门面，宽敞温馨的入口是非常重要的，过于狭小、局促的入口会让人感到非常难受。以大面积的白色材料为背景，可以营造简约、高雅的氛围，采用玻璃、不锈钢、石材等不同的材质，在空间中综合运用，不同的肌理形成有节奏的韵律感。中心色为黄、橙色，使室内充满惬意、轻松。用不锈钢、玻璃木条等构建明快通透的分割形式组成流动的室内空间，通过透视上的重叠以及人在室内空间移动时形成不同的消失点，使多个空间同时比较，互相紧扣，形成丰富的空间层次。

酒店的咖啡厅和大堂结合在一起，是最适合不过的。在最合适的时间和地点给客人提供早餐，有效节约了资源和时间，让顾客在享受美食的同时也能享受大厅的风景。酒店顶棚易采用矿棉吸声板吊顶，其具有优良的吸声性能，可以改善室内音质、控制和调整混响时间。酒店大厅地面多采用拼花的大理石地砖，美观实用耐磨，适合公共区域使用，在办公区域宜选择木地板或地毯，会营造出安静舒适的感觉。

宴会厅的主要功能是服务宴会、寿宴、婚礼、百日宴、生日宴、庆功宴等。宴会厅在设计的时候主要考虑客人的动线和服务人员的动线流向，动线要明确避免交叉，还要考虑到厨房、储藏间的服务流线的布置，这也是同样影响着服务的质量和效率，所以要做到完全分离。在设计装饰上还是要秉承一贯的简洁明了的风格，用米黄色的大理石，加上壁纸的铺设，在局部的地方采用一些文化砖装饰，塑造一种干净的氛围。灯光布置采用偏暖色的光。在宴会厅舞台上精心设计灯光，来突出主人公，再加上一些装饰品的陈设和摆放来提高我们的艺术修养，增加美好的氛围，选用一些和我们主题息息相关的摆件，有意识的唤起人们的记忆，还可以摆放植物和花卉来改善空间的环境，让人身心愉悦。

客房的设计也是我们的重中之重，在设计上要别具一格，做到每一个房间都带给顾客不一样的感受，体现我们主题酒店的特色，让顾客在疲惫的时候感受到不一样的放松。在考虑特色的同时，还要考虑到功能才是第一位的，其后是风格和人性化，三者缺一不可。客房的功能不仅仅只局限于休息，还要考虑到办公、休闲、洗浴、化妆、会客、早餐、安全等，根据酒店的性质不同，所要考虑的功能也不同。在主题房间设置一些与主题相呼应的装饰，如一些能勾起人们的回忆的图片、玩具和影像资料等。在装饰上采用不同的材料，地砖、壁纸、灯具和家具的摆放要根据不同的风格来设计。

（四）设计构思

定格漫时光主题酒店，沿着漫时光穿越时光轴的无限遐想，把顾客带入无尽的幻想中去，让人在居住的同时感到一种神秘和美好。酒店的定位人群主要是追求个性时尚的年轻人，以时尚简约的氛围来营造一种舒适的生活环境，让人在旅途中也能感受到家的温馨。漫时光，漫生活，浪漫和时尚并存，让身体放松，让心情飞扬，时间的车轮慢下来，记忆的瞬间永流传，带我们回到童年的时光和那些美好的时刻，回忆美好和浪漫。酒店的整体风格是多元化的，采用了现代与自然的材料，例如玻璃、木条、珠帘、大理石、鹅卵石、木材、真石漆、硅藻泥等。既有包豪斯体系的简约，又有东方的古典与尊贵，既有现代语言和材料的运用又不乏自然意境的放松。酒店整体房间颜色的表达不局限于以往的色彩搭配，大面积运用对比度与冷暖反差高的颜色来阐述房间。在软装饰方面运用大量简单又不失东方古典风格的饰品来点缀空间，让空间充满灵性。

4.3.4 办公空间设计分析

一、空间功能分析

城市经济的发展及城市化进程的加快使城市信息、经营、管理等方面都有了新的要求，也使办公建筑有了迅速发展。以现代科技为依托的办公设施日新月异，给人们对室内办公环境行为模式的认识不断增添新的内容。

从使用性质来看，办公建筑及其室内环境基本可分为行政办公、专业办公和综合办公。

① 办公室平面布置应考虑家具、设备尺寸，办公人员使用家具、设备时必要的活动空间尺度，各工作位置，以及房间出入口至工作位置、各工作位置相互间联系的室内交通过道的设计安排。

② 办公室平面工作位置的设置按功能需要可整间统一安排，也可组团分区布置（通常5～7人为一组团或根据实际需要安排），各工作位置之间、组团内部及组团之间既要联系方便，又要尽可能避免过多的穿插，减少人员走动时干扰办公工作。

图 4-3-33 办公空间 -1

从办公体系和管理功能要求出发，结合办公建筑结构布置提供的条件，办公室的布置类型可分为小单间办公室、大空间办公室、单元型办公室、公寓型办公室，如图4-3-33～图4-3-35所示。

图 4-3-34 办公空间 -2

图 4-3-35 办公空间 -3

二、智能办公自动化系统

智能办公自动化系统，即利用先进的技术和设备提高办公效率和办公质量，改善办公条件，减轻劳动强度，实现管理和决策的科学化。其以行为科学、管理科学、社会学、系统工程学、人体工程学为理论，结合计算机技术、通信技术、自动化技术等技术，不断使人的部分办公业务活动物化于人以外的各种设备中，并由这些设备与办公人员构成服务于某种目标的人机信息处理系统。即在办公室工作中，借助先进的办公设备取代人工进行办公业务处理、管理各类信息、辅助领导决策等。办公智能自动化的目的是尽可能充分地利用信息资源，减少人力和资源消耗，最大限度地提高办公效率、办公质量，从而产生更高价值信息，提高管理和决策的科学化水平，实现办公业务无纸化、科学化、自动化。

三、风格样式

办公空间的设计风格一般以现代简单的风格为主，如图4-3-36～图4-3-44所示。在办公空间当中，为了能够使人们集中精力到工作当中去，除总经理办公室以外，其他的功能性办公空间和开放式办公空间以及接待大厅都要以现代化和简约大方的装饰风格为主。这样既可以使空间显的宽敞明亮，同时便于人员行走，通过分组和规划将空间合理利用，提高使用率。

总经理办公室通常也会根据公司的企业文化和企业形象进行设计，设计时应要注重整个空间的平面功能划分，每一个功能分区都要较合理的体现使用者的文化品位以及文化内涵，如可以选择带有古典特色的家具；切勿使用大面积颜色，多彩色块容易扰乱使用者的心绪；在现代办公环境当中可以利用个别的绿植和壁画以及文字装饰来装点空间，但是在整体风格样式上，都要以清新明亮的设计为主，将快节奏的工作状态方式体现出来。

图 4-3-36　办公空间风格样式 -1

图 4-3-37　办公空间风格样式 -2

图 4-3-38　办公空间风格样式 -3

图 4-3-39　办公空间风格样式 -4

图 4-3-40　办公空间风格样式 -5

图 4-3-41　办公空间风格样式 -6

图 4-3-42　办公空间风格样式 -7

图 4-3-43　办公空间风格样式

图 4-3-44　办公空间风格样式 -9

四、材质应用

（1）地面设计

办公空间中地面装饰材料的选用首先应该考虑到人员动线行走所产生的声音，例如使用地毯可以减少噪声。铺装管线、电话、电脑等设备时，可在地面上铺设塑料地板，将管线等做隐藏式设计，藏于塑料地板下面。

（2）墙面设计

办公室的墙面设计应该多采用乳胶漆、壁纸等装饰材料。在隔断的设计中，我们可以使用软性隔断或实木框架将空间分割出不同的界面。这样的话可以使空间的柔软度更强，而且木质的材质更容易在实用的界面上塑造造型以及木质本身的吸引性，也可以使空间变得更加的丰富和饱满。

（3）顶棚材料设计

办公空间顶棚材料设计多采用有吸音效果的矿棉板或吸音板、石膏板等。由于室内净高较高，其上方通常安装有空调、消防、照明等相关设施的管线布线，因此设计时应合理安排。

4.3.5　室外环境空间设计分析

室外环境指露天场所，在建筑学定义里，室外还包括脱离建筑围合的室内空间，如阳台、庭院等。设计室外环境时，需要考虑空间与人的关系，如室外步行道路、台阶、坡道等连接通道的设计参数，道路两旁是否安置公共艺术品、预留多少行人动线空间、如何设置绿化植物，公园何处安置公共设施，无障碍设施的设置等。

一、室外环境空间中的无障碍设计

室外环境与人体工程学密切相关的设计项目主要有交通设施、公共卫生及服务设施、景观设计等。在设计时通常以一般人的平均人体参数为主要参数，同时应配备有适量的适合不同人群的无障碍设计，如在有台阶的地方设置坡道，老年人经常活动的场所应当适当增加座椅数量和密度供老人休息，亲子活动场所增设儿童专用

洗手池，道路铺设盲道等，如图4-3-45所示。设
计室外环境下的公共设施时，还应考虑天气对设
施的影响，使用防水涂料、不锈钢材料等应对雨
雪的侵蚀，在太阳容易照射到的设施的常与人接
触面避免使用金属材质以免造成烫伤。

二、室外环境空间中的公共设施

室外空间中的公共设施同样要依照人体工程
学的尺寸进行设计，尽可能贴近人们正常的使用
舒适度，同时还要进行无障碍设计。由于公共设
施的使用频率较大，公共空间又有不同的人群，
因此，要选择耐磨、耐腐蚀、易长久使用的设
备。根据公共设施的配套要求，在公交车站等人
群等候区设计公共座椅、遮雨棚等，不仅可以提
供便利，通过个性化的设计还可以表现出大气和
时尚的城市元素。在这种设计当中我们要将美与
使用结合在一起，除了要考虑周围的环境以及配
套的设施外，更要考虑整体的规划。

我们通常会在公共景观以及休息座椅旁放置
花钵、水体或绿植（图4-3-46～图4-3-48）。在
室外环境空间中，公共设施的设计能体现出酒
店的服务和奢华，如图4-3-49和图4-3-50中的泳
池，将地面铺装与室外灯光以及建筑景观相结
合，整体运用的就是点线面的简约的黑白元素，
这些建筑与景观，在色彩上也与整体环境相结
合。图4-3-50中的家具选择了藤编和皮革质地的
坐垫，这样的坐椅尺寸较大，一般能满足使用者
的躺卧，也可以满足多人同时使用。这种用藤编
的材质更符合室外空间防水防腐蚀的需求，而且
轻巧轻便，便于随时移动。

图 4-3-45　无障碍设计

图 4-3-46　室外空间 -1

图 4-3-47　室外空间 -2

图 4-3-48　室外空间 -3

图 4-3-49　室外空间 -4

图 4-3-50　室外空间 -5

本章训练题目

　　训练目的：对各个空间功能展开了解，同时对不同功能的家具及空间使用尺度进行设计。

　　习题内容：根据本章所学内容，对酒店宴会厅进行设计。

　　设计要求：

　　① 设计一个四星级酒店的酒店宴会厅，包括大宴会厅、独立包房、厨房、员工休息室等服务类空间。

　　② 对各个功能区平面、地面铺装、天花布置及立面设计进行展开，对空间功能分区及家具摆放等详细绘制。

　　③ 图纸大小为A3图纸、CAD制图，比例自定。

参考文献

［1］袁修干，庄达民.人机工程.北京：北京航空航天大学出版社，2002.

［2］刘春荣.人机工程学应用.上海：上海人民美术出版社，2004.

［3］龚锦.人体尺度与室内空间.天津：天津科学技术出版社，1987.

［4］邢博.人机工程学.青岛：中国海洋大学出版社，2014.

［5］刘峰，朱宁嘉.人机工程学设计与应用.沈阳：辽宁美术出版社，2008.

［6］刘怀敏.人体工程应用与实训.上海：东方出版中心，2011.

［7］丁玉兰.人机工程学.北京：北京理工大学出版社，2005.

［8］越江洪.人机工程学.北京：高等教育出版社，2006.

［9］周文麟.城市无障碍环境设计.北京：科学出版社，2000.

［10］GB 10000—1988.中国成年人人体尺寸.

［11］GB/T 5703—2010.用于技术设计的人体测量基础项目.

［12］GB/T 14779—1993.坐姿人体模板功能设计要求.

［13］GB/T 12985—1991.在产品设计中应用人体尺寸百分位数的通则.

［14］GB/T 14776—1993.人类工效学 工作岗位尺寸设计原则及其数值.

［15］GB/T 16251—2008.工作系统设计的人类工效学原则.

［16］GB/T 3328—2016.家具 床类主要尺寸.

［17］GB/T 3326—2016.家具 桌、椅、凳类主要尺寸.

［18］GB/T 3327—2016.家具 柜类主要尺寸.